WERKSTATTBÜCHER

FÜR BETRIEBSANGESTELLTE, KONSTRUKTEURE UND FACHARBEITER. HERAUSGEGEBEN VON DR.-ING. H. HAAKE, HAMBURG

Jedes Heft 50—70 Seiten stark, mit zahlreichen Abbildungen

Die Werkstattbücher behandeln das Gesamtgebiet der Werkstattstechnik in kurzen selbständigen Einzeldarstellungen: anerkannte Fachleute und tüchtige Praktiker bieten hier das Beste aus ihrem Arbeitsfeld, um ihre Fachgenossen schnell und gründlich in die Betriebspraxis einzuführen.

Die Werkstattbücher stehen wissenschaftlich und betriebstechnisch auf der Höhe, sind dabei aber im besten Sinne gemeinverständlich, so daß alle im Betrieb und auch im Büro Tätigen, vom vorwärtsstrebenden Facharbeiter bis zum leitenden Ingenieur, Nutzen aus ihnen ziehen können.

Indem die Sammlung so den Einzelnen zu fördern sucht, wird sie dem Betrieb als Ganzem nutzen und damit auch der deutschen technischen Arbeit im Wettbewerb der Völker.

Einteilung der bisher erschienenen Hefte nach Fachgebieten

(Fortsetzung 3. Umschlagseite)

WERKSTATTBÜCHER
FÜR BETRIEBSANGESTELLTE, KONSTRUKTEURE UND FACH-
ARBEITER. HERAUSGEBER DR.-ING. H. HAAKE, HAMBURG
HEFT 80

Außenräumen

Von

Dr.-Ing. Artur Schatz

Beratender Ingenieur VBI, Wuppertal

Zweite, völlig neu bearbeitete Auflage

Mit 127 Abbildungen

Springer-Verlag Berlin Heidelberg GmbH

1952

Inhaltsverzeichnis.

ISBN 978-3-540-01665-6   ISBN 978-3-642-99838-6 (eBook)

DOI 10.1007/978-3-642-99838-6

Einleitung.

In den zwölf Jahren seit der Veröffentlichung der ersten Auflage [1] hat die Anwendung des Außenräumens [2] so stark zugenommen, daß es nicht mehr möglich ist, ein geschlossenes Bild dieser Schnellbearbeitungstechnik auf dem beschränkten Raum eines Werkstatt-Buches zu geben. Der Verfasser hat sich daher entschließen müssen, eine Teilung des Stoffes vorzunehmen. Das vorliegende Buch soll den *neuesten Stand der Entwicklung auf diesem Gebiet* wenn auch knapp, so doch möglichst vollständig zeigen und wurde daher von Grund auf neu verfaßt. Dagegen wurden die zahlreichen Fragen, die bei der *Einführung des Außenräumens* in die *Werkstattpraxis* und beim *Räum*betrieb selbst auftreten, in einem *besonderen Hilfsbuch*, das ausführliche Angaben über *Schneidflüssigkeiten*, die *Bearbeitbarkeit* von Werkstoffen *durch Räumen*, die *Einordnung des Räumens in die Arbeitsfolge*, *Normen*, *Lieferfirmen* für Maschinen und Betriebsmittel, *Abmessungen* von Räummaschinen, die *Maschinenaufstellung*, den *Einbau* der Werkzeuge, das *Schärfen* der Werkzeuge, erzielbare *Maßtoleranzen* und *Oberflächengüte*, die *Wirtschaftlichkeit* des Räumens, ein *Schrifttumsverzeichnis*, einen *Fehlersucher bei Störungen und Schwierigkeiten* im Räumbetrieb usw. enthält, beantwortet [3].

Der Verfasser war bestrebt, im vorliegenden Buch die *wissenschaftlichen Grundlagen* der Außenräumens und die *Konstruktionsprinzipien* seiner technischen Mittel — der Werkzeuge, Vorrichtungen und Maschinen — unter Verwendung von Photos und Zeichnungen aus der *Industrie des In- und Auslandes* zu erläutern, um so ein möglichst wirklichkeitsnahes Bild von den vielfältigen Anwendungsmöglichkeiten zu geben. Er dankt allen Firmen, die ihm hierbei geholfen haben, indem sie passende Bildvorlagen zur Verfügung stellten. Die Herkunft dieser Abbildungen findet der Leser jeweils in Klammern hinter der Bilderläuterung angegeben.

I. Die Mechanik des Außenräumvorgangs.

Zwei Merkmale geben dem Außenräumen als spangebendem Arbeitsverfahren seine Eigenart: Die Verteilung der Zerspanungsaufgabe auf eine große Anzahl von Schneiden und die große Einfachheit in der Bewegung zwischen Werkzeug und Werkstück. Die Aufgaben der Formgebung, Maßgebung und Oberflächengebung werden auf eine starr verbundene Folge von Schneiden verteilt. Die Bewegung zwischen Werkzeug und Maschine läßt dabei die einzelnen Schneiden nacheinander zum Eingriff kommen, Art und Umfang der jeweils zu übernehmenden Zerspanungsaufgabe wird durch Gestalt und Anordnung der Schneide innerhalb der Zahnfolge bestimmt.

A. Der Bewegungsablauf.

1. Die Schnittbewegung. Während der Zerspanung findet zwischen Werkzeug und Werkstück nur eine Bewegung statt, die Schnittbewegung. Sie bringt in Richtung der Schneidenfolge die einzelnen Zähne nacheinander zur Einwirkung. Eine besondere Vorschubbewegung, wie wir sie bei den meisten spangebenden Arbeitsverfahren, dem Drehen, Hobeln, Fräsen, Sägen usw. finden, ist überflüssig, da neu in Eingriff kommende Schneiden bereits innerhalb der Schneidenfolge so

---

[1] Die erste Auflage ist 1940 erschienen.

[2] Über *Innenräumen* siehe das ebenfalls von A. Schatz bearbeitete Werkstattbuch Heft 26 3. Auflage, Berlin/Göttingen/Heidelberg: Springer 1951.

[3] A. Schatz, Hilfsbuch für das Räumen von Werkstücken (Innenräumen, Außenräumen) 160 S., 144 Abb. München: Hanser 1951.

angeordnet sind, daß sie auch ohne Querverschiebung von Werkzeug oder Werkstück die ihnen zugewiesene Zerspanungsaufgabe ausführen können.

a) Außenräumen mit hin- und hergehendem Werkzeug. Am meisten verbreitet ist beim Außenräumen das Räumverfahren, bei dem das Werkstück festliegt und das Werkzeug sich senkrecht von oben nach unten bewegt (Abb. 1). Die Bevorzugung dieser Anordnung von Werkzeug und Werkstück hat verschiedene Gründe. Einmal braucht eine senkrechte Außenräummaschine weniger Raum als eine waagerechte, denn wegen der Eigenart des Werkzeugs (starrverbundene Folge von einzelnen Schneiden) müssen für Räummaschinen waagerechter Bauart das Werkzeug zu seiner Unterstützung oder Führung die doppelte Länge zusätzlich zur Länge des Werkstücks haben (Abb. 2). Bei senkrechten Räummaschinen, bei denen sich das Werkzeug von oben nach unten am feststehenden Werkstück vorbeibewegt, kann der Raum oberhalb der Werkstückaufspannung vor dem Räumhub für die Bereitstellung des Werkzeuges benutzt werden, während es nach Beginn des Räumhubes Bewegungsraum im Maschinenständer findet. Nachteilig ist hierbei, daß bei längeren Werkzeugen die Aufspannfläche für das Werkstück über der Griffhöhe eines auf ebener Erde stehenden Menschen liegen muß. Derartige Maschinen müssen daher mit einem besonderen Standsockel versehen oder mit ihrem Fuß in eine Grube versenkt werden. Aufnahmevorrichtungen für die Werkstücke lassen sich auf dem waagerechten Tisch senkrechter Räummaschinen im allgemeinen leichter anordnen und handhaben als an der senkrecht liegenden Spannfläche von waagerechten Räummaschinen.

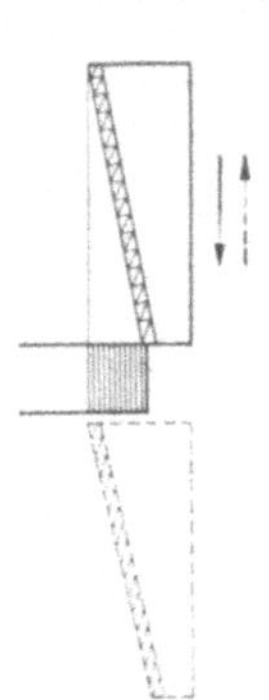

Abb. 1. Außenräumen auf senkrechter Räummaschine mit feststehendem Werkstück.

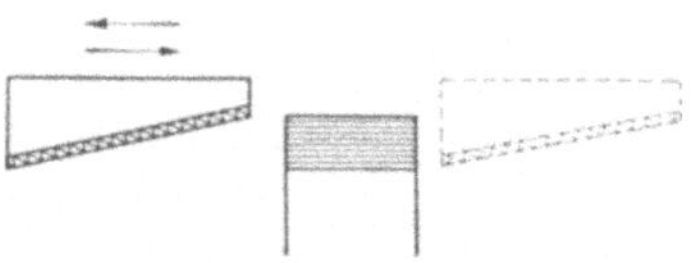

Abb. 2. Außenräumen auf waagerechter Räummaschine mit feststehendem Werkstück.

Gegenüber den senkrechten Räummaschinen hat sich die waagerechte Bauart, wie sie bei Innenräumarbeiten verwandt wird, jedoch zum Teil auch für Außenräumarbeiten behauptet. Ihr Anwendungsgebiet liegt dort, wo in einem Betriebe abwechselnd Innen- und Außenräumarbeiten auszuführen sind, das Werkstück sperrig ist oder die vorzunehmenden Räumarbeiten einen besonders großen Hub der Maschine verlangen.

Für schwere Schnitte (Abhebung dicker und breiter Werkstoffschichten) und große Werkzeuglängen wurden waagerechte Außenräummaschinen in Doppelschlitten- oder Gegentaktbauart (s. Abschn. 48) entwickelt.

Auch für die Bearbeitung von Zylinderblöcken und Zylinderdeckeln für Kraftwagenmotore ist die waagerechte Bauart vorteilhafter als die senkrechte Ausführung (s. Abschn. 50). Der Grund hierfür ist der, daß Zylinderblöcke verhältnismäßig schwer sind und an ihnen in der Längsrichtung Flächen bearbeitet werden, die parallel zu den Aufspannflächen liegen. Werden die Zylinderblöcke auf einer waagerechten Räummaschine bearbeitet, so können sie vom Förderband oder von den Rollenbahnen aus leicht in die Vorrichtung eingeschoben werden, ohne daß man ihre axiale Lage zu ändern braucht. Bei einer senkrechten Räummaschine müßte man den Zylinderblock erst einmal um 90° drehen, ihn dann auf die Höhe des Aufspanntisches bringen und darauf gegen Aufnahmeflächen oder -punkte der Vorrichtung spannen, die in einem rechten Winkel zum Aufspanntisch liegen. Die Vorrichtungen für solche Arbeiten können also bei waagerechten Zylinderblock-Sonderräummaschinen einfacher sein als bei senkrechten Räummaschinen.

b) Außenräumen mit hin- und hergehendem Werkstück. Das Verfahren, bei dem das Werkzeug stillsteht und das Werkstück an ihm auf einem Schlitten vorbeigeführt wird, hat sich vielfach bei Sondermaschinen durchgesetzt (s. Abschnitt 50). Derartige Maschinen können wesentlich kürzer gebaut werden als die Ausführungen, bei denen das Werkzeug bewegt wird (vgl. Abb. 2 mit Abb. 3).

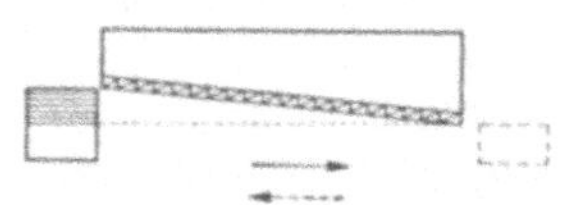

Abb. 3. Außenräumen auf waagerechter Räummaschine mit feststehendem Werkzeug.

c) Außenräumen mit fortlaufender Werkstückbewegung. Der Wunsch, den Leerhub beim Räumen zu sparen, hat zu der Ausbildung von Bauarten geführt, bei denen ähnlich wie beim Fräsen auf Rundtischfräsmaschinen ein fortlaufendes Räumen möglich ist. Das Werkzeug steht bei dieser Art von Maschinen fest, und die Werkstücke werden fortlaufend an diesem feststehenden Werkzeug vorbeibewegt. Das Mittel der Fortbewegung ist entweder ein Rundtisch (Abb. 4) oder eine umlaufende Kette (Abb. 5). Auf dem Rundtisch ist eine große Zahl von Räumvorrichtungen aufgespannt, die mit Werkstücken beschickt werden und sich in fortlaufender Folge an dem Räumzeug vorbeibewegen. Während des Räumens können Werkstücke auf- und abgespannt werden, so daß also weder Zeit für den Leerhub noch Spannzeit für die Werkstücke verlorengeht (s. Abschn. 49). Im Gegensatz zum Rundtisch, der zugleich Bewegungsträger und Aufnahmeplatte für die Vorrichtungen sein kann, ist bei der Kettenförderung eine Trennung beider Aufgaben notwendig, denn die Kette würde der Abdrängkraft des Werkzeuges nicht genügend starr widerstehen können. Darum ist die Kette lediglich Fortbewegungsmittel, und die Vorrichtungen werden in starr mit dem Maschinenkörper verbundenen Führungen aufgenommen. Voraussetzung für die Anwendung dieser beiden Bauarten ist eine Massenherstellung mit hohen Stückzahlen. Denn zur Ausnutzung der Vorteile einer ununterbrochenen Arbeit muß der Rundtisch bzw. der Kettenkreislauf möglichst lückenlos mit Vorrichtungen besetzt sein. Die einmaligen Kosten sind also hoch.

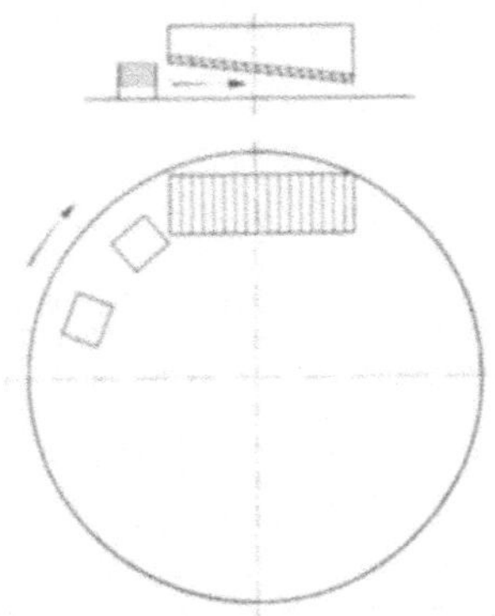

Abb. 4. Außenräumen auf Rundtischräummaschine.

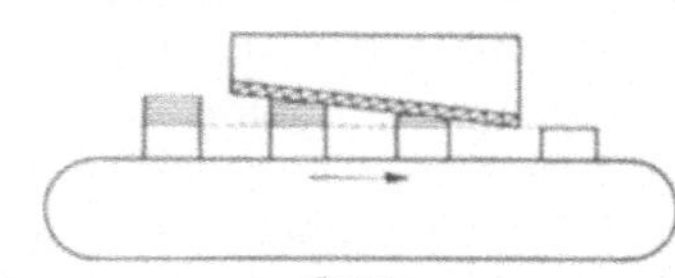

Abb. 5. Außenräumen mit fortlaufender Werkstückbewegung durch Kette.

2. Die Schnittgeschwindigkeit. Die Schnittgeschwindigkeit wird der Bearbeitbarkeit des Werkstoffs (Legierung, Festigkeit, Dehnung, Härte, Gefüge), der Gestalt des Werkstücks und der verlangten Oberflächengüte angepaßt. Erfahrungswerte für die Schnittgeschwindigkeit sind:

Stahl, sehr hart	$1 \cdots 2$ m/min
Stahl, zäh und schmierend	$4 \cdots 6$,,
Stahl guter Bearbeitbarkeit	$6 \cdots 10$,,
Grauguß	$8 \cdots 10$,,
Messing, Bronze, Zink	$8 \cdots 12$,,

Leichtmetallegierungen: Höchstgeschwindigkeit der Maschine.

3. Arten der Schneidenstaffelung. Man unterscheidet grundsätzlich zwei Arten der Schneidenstaffelung, und zwar die Tiefenstaffelung und die Seitenstaffelung.

a) Die Tiefenstaffelung ist allgemein üblich und auch in den meisten Fällen anwendbar. Hier schreitet die Reihe der Schneiden senkrecht zur Hauptschnittbewegung auf das Werkstück hin vor, und zwar in voller Breite des Werkstücks (Abb. 6). Jede Schneide ist etwas höher als die vorhergehende, und vom Werkstück werden dünne Schichten abgeschält. Die Tiefenstaffelung hat den Vorzug, daß sie eine gegebene Räumaufgabe mit der geringsten Anzahl von Schneiden durchzuführen gestattet.

b) Die Seitenstaffelung. Bei der Bearbeitung roher Guß- und Schmiedeteile ist die Tiefenstaffelung nicht anwendbar, denn die üblichen Schwankungen der Bearbeitungszugaben an diesen Teilen sind so groß, daß der erste Zahn des Werkzeugs, der die dadurch wechselnde Spandicke allein auszugleichen hätte, zu Bruch gehen würde. Lange Zeit glaubte man daher, das Außenräumen für die Bearbeitung roher Guß- und Schmiedeteile nicht anwenden zu können. In der Seitenstaffelung wurde jedoch der Weg gefunden, auch diese Aufgabe zu lösen. Bei dieser Anordnung der Eingriffsfolge greifen die Schneiden nicht in voller Breite senkrecht zur Schnittbewegung in das Werkstück ein, sondern sie dringen von der Seite her quer zur Hauptschnittbewegung in das Werkstück vor (Abb. 7). Dabei

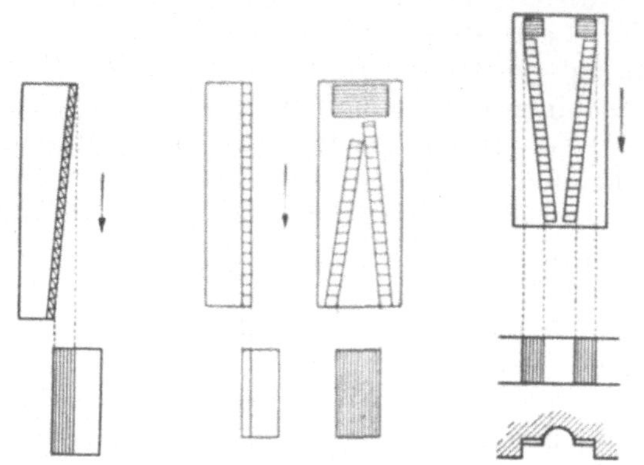

Abb. 6. Außenräumen mit Tiefenstaffelung.

Abb. 7. Außenräumen mit Seitenstaffelung von außen nach innen.

Abb. 8. Außenräumen mit Seitenstaffelung von innen nach außen.

ist die Spantiefe schon beim ersten Zahn nahezu gleich der vollen Tiefe der abzunehmenden Gesamtschicht. Die Zahnfolge ist also, von vorn gesehen, in einem Winkel zur Bewegungsrichtung angeordnet. Bei der Seitenstaffelung ist es für die Widerstandsfähigkeit der Schneiden ungefährlich, wenn die Bearbeitungszugabe innerhalb weiter Grenzen schwankt, da bei einer Zunahme des Spanquerschnittes in der Höhe die zusätzliche Beanspruchung sich auf sämtliche Zähne verteilt, so daß also je Schneide nur eine verhältnismäßig geringe Erhöhung der Schnittkraft eintritt.

Liegt die zu bearbeitende Fläche frei, d. h. erheben sich über die Höhe der Fläche hinaus keine anschließenden Werkstückabschnitte, so kann die Seitenzustellung von außen nach innen vorgenommen werden (Abb. 7, siehe auch Abb. 47 a u. b). Einige Schlichtzähne von ganzer Breite schneiden noch nach. Anders ist es dann, wenn die zu bearbeitende Fläche oder Profilbahn in das Werkstück einzuarbeiten ist. Dann versucht man eine von innen her gegebene Angriffsmöglichkeit (vertiefte Stellen des Werkstücks innerhalb der Fläche) auszunutzen (Abb. 8, siehe auch Abb. 48 u. 48 a, Mitte).

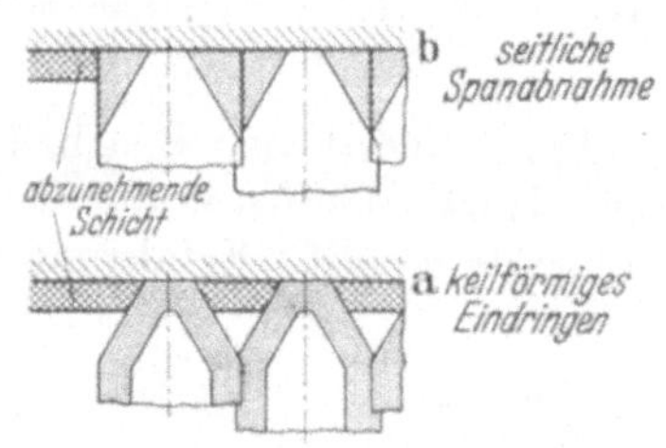

Abb. 9. Keilförmiges Eindringen in die Werkstückoberfläche.

c) Die Keilstaffelung. Ist auch dieser Weg nicht gangbar, so vereinigt man die Tiefenstaffelung mit der Seitenstaffelung und kommt so zu einer neuen Anordnung der Eingriffsfolge, der Keilstaffelung (Abb. 9, siehe auch Abb. 48 a, links). Sie wird auch dann angewandt, wenn die zu bearbeitende Fläche eines rohen Guß- oder Schmiedestückes so breit ist, daß die Länge des Räumhubes für die einfache Seitenstaffelung nicht ausreichen würde. Durch die keilförmige Ausbildung der

Zähne erreicht man, daß die ersten Zähne nur einen geringen Spanquerschnitt abzunehmen haben und so über einen großen Widerstandsüberschuß zur Bewältigung einer größeren Werkstoffschicht verfügen. Hinzu tritt noch der Vorteil der einfachen Seitenstaffelung, wie er oben bereits erwähnt wurde: die Verteilung der durch erhöhte Bearbeitungszugabe gegebenen Beanspruchung auf eine große Zahl aufeinanderfolgender Zähne.

B. Kräfteverlauf.

4. Die Hauptschnittkraft. Wegen der Verteilung der Zerspanungsaufgabe auf eine große Anzahl von Zähnen, die nacheinander in Eingriff kommen, schwankt im Verlauf des Räumhubes die Hauptschnittkraft. Das Ausmaß dieser Schwankungen und ihr zeitlicher Verlauf hängt ab von der Anzahl der in Eingriff kommenden, in Eingriff stehenden und das Werkstück verlassenden Schneiden. Da die Schnittkräfte beim Außenräumen hoch sind (etwa 5···20 t), so wirken sich deren Schwankungen sowohl auf das Schwingungsverhalten der Maschine als auch auf die Schnitthaltigkeit des Werkzeugs aus. Bei ansteigender Schnittkraft gibt das Werkstück in zunehmendem Maße nach und federt bei nachlassender Schnittkraft wieder zurück. Dadurch leidet sowohl die Güte der hergestellten Oberfläche als auch ihre Maßhaltigkeit. Auch die Lebensdauer des Werkzeuges wird stark davon beeinflußt, ob die Schnittkraft während des Räumhubes gleichbleibt bzw. sich in engen Grenzen hält, oder ob stärkere Schwankungen der Schnittkraft Schwingungen zwischen Werkstück und Werkzeug hervorrufen. Darum ist die Ermittlung des Kräfteverlaufs während des Räumhubes wichtig.

a) Die Hauptschnittkraft bei senkrecht zur Schnittrichtung angeordneten Schneiden. Beginnt das Räumwerkzeug zu arbeiten, so dringt zunächst einmal der erste Zahn in das Werkstück ein, und es entsteht eine Hauptschnittkraft, die abhängig ist vom spezifischen Schnittdruck und dem Spanquerschnitt. Tritt nun der zweite Zahn ein, so tritt zu der Schnittkraft des ersten Zahnes eine zusätzliche Kraft von gleichem Betrage, die sich auf der ersten aufbaut, und so wird die Schnittkraft so lange erhöht, bis die ganze Werkstücklänge von einem Teil der Zahnfolge überdeckt ist. Tritt nun der erste Zahn wieder aus, so fällt die Hauptschnittkraft um den Betrag der Schnittkraft der einzelnen Schneide ab und bleibt in dieser Höhe bestehen, bis ein neuer Zahn der Zahnfolge in Eingriff gekommen ist.

Auf Grund dieser Überlegungen läßt sich leicht ein schematisches Schaubild des Kräfteverlaufs entwerfen (Abb. 10), aus dem sich die folgenden Schlüsse ziehen lassen:

1. Je weniger Zähne auf der Länge des Werkstücks in Eingriff kommen, um so gröber sind die Kraftstufen beim Eingriff der einzelnen Schneiden, und um so stärker sind auch die Kraftschwankungen nach Überdeckung der Räumlänge (= Werkstücklänge) durch den ersten Teil der Zahnfolge. Man sollte also aus diesem Grunde danach streben, möglichst viel Zähne auf der Räumlänge zu verteilen. Je mehr Zähne, um so geringer sind die Kraftschwankungen. Der Vermehrung der Zähne in der Schneidenfolge ist dadurch eine Grenze gesetzt, daß mit zunehmender Zähnezahl die Herstellungskosten und auch die Instandhaltungskosten des Werkzeuges zunehmen. Weiter ist zu berücksichtigen, daß die Aufnahmefähigkeit der Zahnlücken für die beim Räumen entstehenden Späne mit einer Vermehrung der Zähne, die gleichbedeutend mit einer Verringerung der Teilung ist, abnimmt.

2. Die Zahnteilung muß in einem bestimmten Verhältnis zur Werkstücklänge stehen. Ist die Werkstücklänge gleich einem ganzen Vielfachen der Teilung (s. Abb. 10, stark ausgezogene Linie), so ist der Schwankungsverlauf gleichmäßiger, als wenn die Teilung nicht in der Werkstücklänge aufgeht (Abb. 10, gestrichelte Linie).

b) Die Hauptschnittkraft bei schrägliegenden Schneiden. Durch Schräglegen der Schneiden wird aus dem stufenförmigen Ansteigen der Hauptschnittkraft eine fortlaufende Kraftzunahme (Abb. 11). Je größer der Neigungswinkel, um so mehr werden die Stufen verschwinden und um so mehr wird sich eine fortlaufende Linie der Kraftzunahme entwickeln. Parallel damit geht eine Ver-

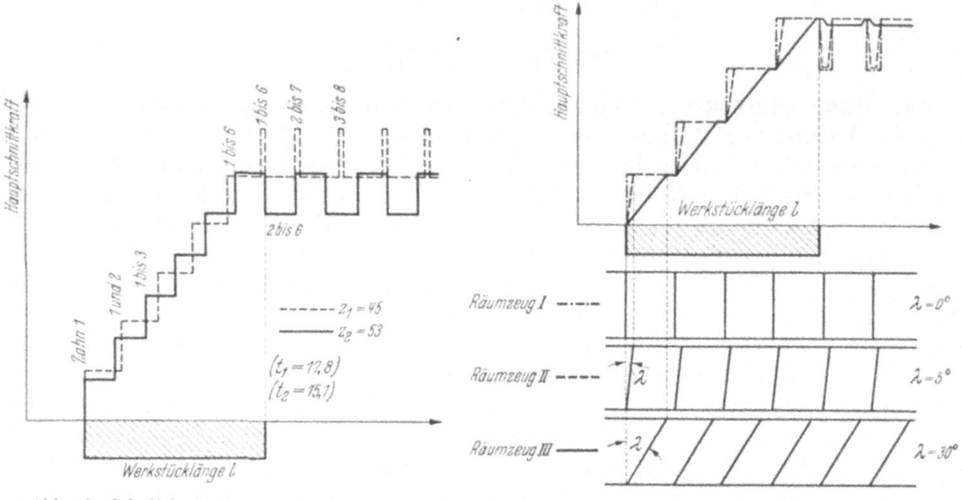

<table>
<tr><td>

Abb. 10. Schnittkraftverlauf bei verschiedenen Zähnezahlen.

</td><td>

Abb. 11. Schnittkraftverlauf bei verschiedener Zahnneigung.

</td></tr>
</table>

minderung der Kraftschwankungen während des Teiles des Räumhubes, in dem die Räumlänge von der Zahnfolge überdeckt ist.

5. Die Seitenkräfte. Die Anwendung eines Neigungswinkels für die Schneiden hat jedoch den Nachteil, daß infolge der Schräglage der Schneiden Seitenkräfte entstehen, die sowohl auf das Werkzeug als auch auf das Werkstück wirken (Abb. 12). Die Vorrichtung muß daher mit Rücksicht auf diese Seitenkräfte gestaltet und für ihre Aufnahme stark genug gebaut sein. Das gleiche gilt für das Werkzeug sowie für den Schlitten der Maschine. Es sind demnach wirtschaftliche Grenzen gesetzt, die eine zu starke Schräglage der Schneiden verbieten. Um einen Begriff von der Bedeutung dieser Seitenkräfte zu geben, sei ihre Größe für einige Winkel in Prozent der Hauptschnittkraft in Tab. 1 angegeben.

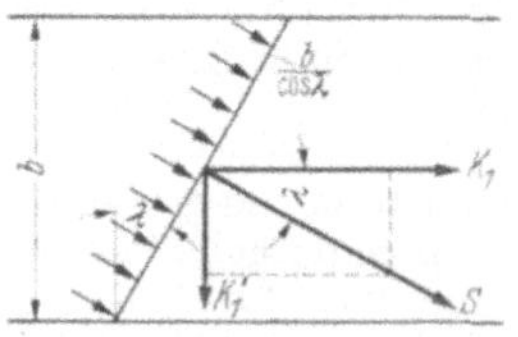

Abb. 12.
Entstehung der Seitenkraft.

Tabelle 1. *Seitenkraft für schräge Schneiden.*

Neigungswinkel λ	Seitenkraft K_1' in % der Hauptschnittkraft K_1
5°	8,7
10°	17,6
15°	26,7
20°	36,3
25°	46,6

6. Die Abdrängkraft muß neben der Größe und dem zeitlichen Verlauf der Hauptschnittkraft und der Seitenkräfte bei der Gestaltung von Werkzeug und Vorrichtung berücksichtigt werden. Genaue Werte für die Größe der Abdrängkraft bei Außenräumwerkzeugen in Abhängigkeit von der Hauptschnittkraft und von den konstruktiven Merkmalen der Zahnfolge liegen noch nicht vor. Jedoch ist zu sagen, daß die Abdrängkraft beim Stumpfwerden des Werkzeuges stark ansteigt.

II. Das Außenräumwerkzeug.

A. Gestaltung.

Die Gestaltung des Außenräumwerkzeugs wird bestimmt durch die vorliegende Bearbeitungsaufgabe (Räumzugabe, Maßtoleranzen, Oberflächengüte), durch die Bauart und Leistungsfähigkeit der Maschine und durch Werkstoff, Gestalt, Größe und Vorbearbeitungszustand des Werkstücks.

7. Einflußfaktoren auf die Gestaltung des Einzelzahnes. Man ist bestrebt, den Werkstoff so zu zerspanen, daß

1. ein möglichst geringer Kraftbedarf erforderlich ist,
2. eine gute Maßgenauigkeit erzielt wird,
3. eine Oberfläche gewünschter Güte entsteht,
4. die Schneidhaltigkeit des Werkzeuges lange vorhält,
5. ein guter Späneabfluß gewährleistet ist.

Es ist also nicht nur der Zahn selbst zu gestalten, sondern auch Form und Mindestgröße der Zahnlücke zu bestimmen.

Unterschieden wird zwischen Zähnen, die schruppen, und solchen, die dem Werkstück die verlangten Maße und die vorgeschriebene Oberflächengüte geben. Beim Schruppen wird das Werkstück durch die großen Abdrängkräfte zurückgedrückt. Dieser zurückgefederte Werkstoff muß dann anschließend bei verhältnismäßig geringer Spanabnahme, d. h. also unter Einwirkung geringer Abdrängkräfte, abgetragen werden.

Die Art der Spanbildung wird bestimmt durch die Größe des Spanwinkels γ (Abb. 13) den Freiwinkel α und, bei schrägstehenden Zähnen, den Neigungswinkel λ (s. Abb. 16).

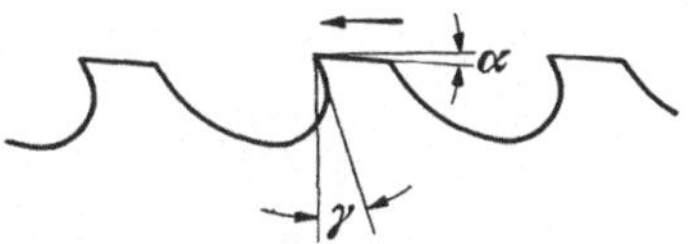

Abb. 13. Die Winkel der Räumschneide. γ Spanwinkel, α Freiwinkel.

8. Der Spanwinkel. a) Kraftbedarf, Oberflächengüte und Schneidhaltigkeit. Vom Spanwinkel hängt es im wesentlichen ab, ob der Kraftbedarf groß oder klein ist, die verlangte Güte der Oberfläche erzielt wird und der Zahn lange schneidhaltig bleibt. Er ist es, der den stärksten Einfluß auf die Zerspanungsbedingungen ausübt. Je größer der Spanwinkel, um so geringer ist der Kraftbedarf, um so mehr nimmt die Güte der Oberfläche zu, um so geringer wird aber die Schneidhaltigkeit. Je nachdem nun, ob geschruppt oder geschlichtet wird, also die Aufgabe mehr im Abtragen überflüssigen Werkstoffes oder mehr in der Annäherung an ein vorgeschriebenes Maß gesehen wird, wird die Gestaltung also entweder mehr auf eine gute Schneidhaltigkeit oder aber auf eine gute Oberfläche Rücksicht nehmen müssen.

So kommt es beim Schruppen nicht darauf an, ob die Oberfläche genügend gut ist; dagegen ist die lange Schneidhaltigkeit besonders in Anbetracht der hohen Beanspruchung der Schneide von großer Wichtigkeit. Beim Schruppen ist also ein kleiner, mit der Stauchbarkeit des Werkstoffs (s. w. u. unter b) eben noch zu vereinbarender Spanwinkel zu nehmen.

Beim Schlichten dagegen steht die Erzielung einer hohen Oberflächengüte im Vordergrund der Anforderungen, die an den Zahn zu stellen sind. Demgegenüber tritt die Schneidhaltigkeit, die ja auch gegenüber dem Schruppzahn mit seiner größeren Beanspruchung beim Schlichtzahn an sich schon günstiger sein wird, in den Hintergrund.

Der Gesichtspunkt des geringsten Kraftbedarfs kann dann bestimmend werden, wenn die Leistung der verwandten Außenräummaschine gerade ausreicht, um die gegebene Zerspanungsaufgabe zu bewältigen. Um nun hier eine Leistungsreserve zu schaffen, die beim allmählichen Abstumpfen der Schneiden zur Verfügung steht, gibt man den Zähnen größere Spanwinkel als für ihre Lebensdauer an sich gut wäre. Man nimmt hier also die verringerte Schneidhaltigkeit in Kauf, um überhaupt eine Räumaufgabe noch bewältigen zu können.

Zu diesen die Größe des Spanwinkels bestimmenden Überlegungen, die unabhängig davon gelten, welcher Werkstoff zerspant wird, tritt dann noch die Berücksichtigung der Eigenheiten des jeweiligen Werkstoffes.

b) Abstimmung auf den Werkstoff. Bei spröden Werkstoffen, wie Gußeisen und einigen Messingsorten, entwickeln sich beim Schnitt Reißspäne, deren Trennung vom Werkstück durch Normalspannungen hervorgerufen wird. Von der Schneidkante aus bilden sich nach Verformung des vor der Werkzeugbrust liegenden Werkstoffes Risse, die sehr plötzlich auftreten und bis zur ursprünglichen Oberfläche des Werkstücks reichen (Abb. 14). Bei dieser Art der Spanbildung ist die Zunahme der Schnittkraft bei Verkleinerung des Spanwinkels nur verhältnismäßig gering. Man kann also hier die Vorteile für die Schneidhaltigkeit, die sich aus einem kleineren Spanwinkel ergeben, ausnutzen, ohne einen zu starken Kraftanstieg befürchten zu müssen.

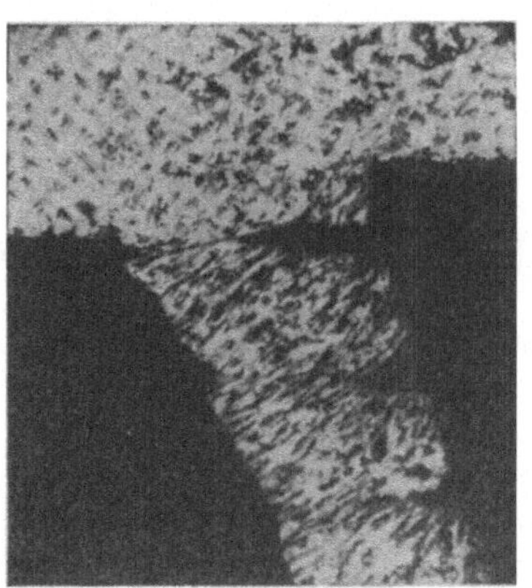

Abb. 14. Entstehung eines Reißspanes be spröden Metallen. (Cincinnati.)

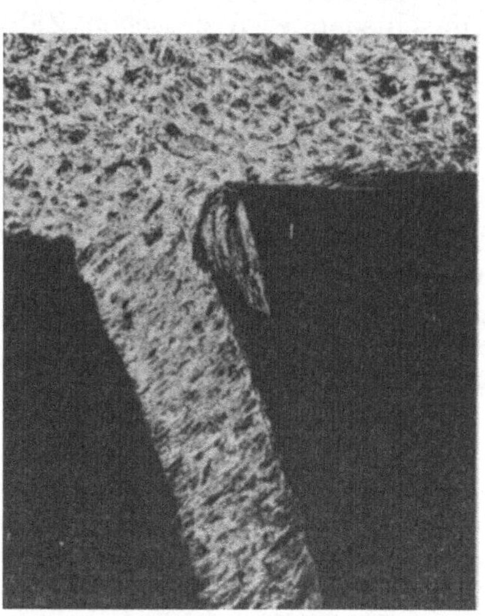

Abb. 15. Spanbildung bei zähen Werkstoffen. (Cincinnati.)

Anders liegen die Verhältnisse bei zähen Werkstoffen, also bei Stahl und den meisten Leichtmetall-Legierungen. Bei ihnen bildet sich ein zusammenhängender Span, der infolge der Dehnungsfähigkeit des Werkstoffs bei seiner Entstehung stark gestaucht wird (Abb. 15). Diese Stauchung ist um so stärker, je kleiner der Spanwinkel ist. Damit steigt die Schneidkraft infolge der größeren Verformungsaufgabe verhältnismäßig stark an. Im Vergleich zu den spröden Werkstoffen sind also die Vorteile eines größeren Spanwinkels bei zähen Werkstoffen wesentlich größer. Je dehnungsfähiger der Werkstoff, um so größer ist der Spanwinkel zu nehmen. Tab. 2 enthält einige Erfahrungswerte.

9. Die achsparallele Fase. Bei Außenräumwerkzeugen werden achsparallele Fasen unmittelbar hinter den Schneiden nach dem heutigen Stande der Räumtechnik nicht mehr angewandt, da die Erfahrung gezeigt hat, daß sie bei höheren Schnittgeschwindigkeiten und Werkstoffen von höherer Festigkeit die Oberflächengüte herabsetzen und die Hauptschnittkraft stark erhöhen. Eine Ausnahme von dieser Regel machen lediglich Schlichtwerkzeuge für Bleibronze- und Weißmetallager-

Tabelle 2. *Schneidenwinkel bei verschiedenen Werkstoffen.*

Werkstoff	Spanwinkel	Freiwinkel
Stahl, zähhart	8°···12°	½°···2°
Stahl, mittlere Festigkeit	15°···20°	1°···3°
Stahlguß.	10°	1°···3°
Temperguß.	7°	1°···3°
Grauguß, weich.	8°	1°···5°
Grauguß, hart	6°	1°···3°
Messing, weich	8°	½°···2°
Messing, spröde oder Bleizusatz	0°···5°	½°···2°
Zinkspritzguß	12°	1°···5°
Gußbronze.	0°···8°	½°···2°
Aluminium-Spritzguß	20°	2°···5°
Aluminium-Knetlegierung (kupferlegiert) . .	18°	1°···3°
Aluminium-Gußlegierung (siliziumlegiert) . .	15°	1°···3°
Magnesium-Spritzguß	20°	1°···3°
		höhere Werte für Schrupp-zähne, geringere für Schlicht- und Feinschlichtzähne

schalen. Hier führt eine achsparallele Fase von bis zu 3 mm Breite zu hoher Oberflächengüte.

10. Der Freiwinkel. Der Freiwinkel hat bei der Räumschneide nur verhältnismäßig geringen Einfluß auf den Zerspanungsvorgang. Es ist zweckmäßig, ihn möglichst klein zu halten, damit die Widerstandskraft des Zahnes nicht unnötig geschwächt wird. Erfahrungswerte für die Größe des Freiwinkels s. Tab. 2.

11. Die Spanbrechernuten. Wie bereits bei den Ausführungen über die Größe des Spanwinkels gesagt wurde, werden die bei zähen Werkstoffen entstehenden Späne bei der Entstehung durch Stauchen verformt. Sie sind also in Dicke und Breite größer als die abgenommenen Schichtteile. Für diese Breitenzunahme der Späne muß nun Platz geschaffen werden, da sonst der zerspante Werkstoff sich in die Zahnlücken eindrücken und diese verstopfen würde. Die Ausdehnungsmöglichkeit wird den Spänen durch Spanbrechernuten gegeben, die über die Länge der Schneide gleichmäßig verteilt sind und in einer Breite bis zu 1,5 mm und einer Tiefe von 0,4 ··· 0,8 mm mit Abständen von

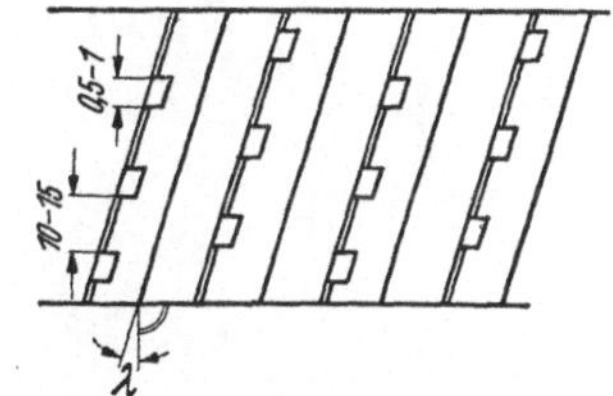

Abb. 16. Schneidenneigung und Spanbrechernuten.

5 ··· 15 mm angeordnet werden (Abb. 16). Die Spanbrechernuten zweier aufeinander folgender Schneiden sind gegeneinander versetzt, damit sich keine Riefen auf der Werkstückoberfläche bilden können.

12. Der Neigungswinkel λ. Um die Kraftschwankungen während des Räumverlaufs in engen Grenzen zu halten, werden die Schneiden vielfach in einem von der rechtwinkligen Lage unterschiedenen Winkel zur Bewegungsrichtung angeordnet (Abb. 16, s. auch Abschn. 4 u. 5). Man nimmt Neigungswinkel bis zu 30°.

Zusammenfassend ist zu sagen, daß viel Erfahrung dazu gehört, um bei gegebener Außenräumaufgabe die Einflüsse der verschiedenen Schnittbedingungen so einander zuzuordnen, daß die günstigsten Ergebnisse erzielt werden. Die angegebenen Zahlenwerte in Tab. 2 geben daher nur einen ungefähren Anhalt und sind je nach den besonderen Verhältnissen abzuwandeln. Für die Art und das Ausmaß dieser Anpassung an die jeweils gegebenen Verhältnisse geben die dargestellten Gesichtspunkte für die Wahl der Abmessungen einen ungefähren Anhalt.

13. Die Zahnlücke. Die Zahnlücke soll den Span formen und aufnehmen.

a) Größe. Die Menge des zerspanten Werkstoffes hängt ab von der Länge des geräumten Werkstücks und der Dicke und Breite der abgehobenen Spanschicht.

Je länger dieses Werkstück, desto mehr Späne werden sich bilden. Wichtig ist nun die Bestimmung der Mindestgröße der Zahnlücke, die vorhanden sein muß, damit die Späne leicht aufgenommen werden können und sich nicht in die Lücke ein-

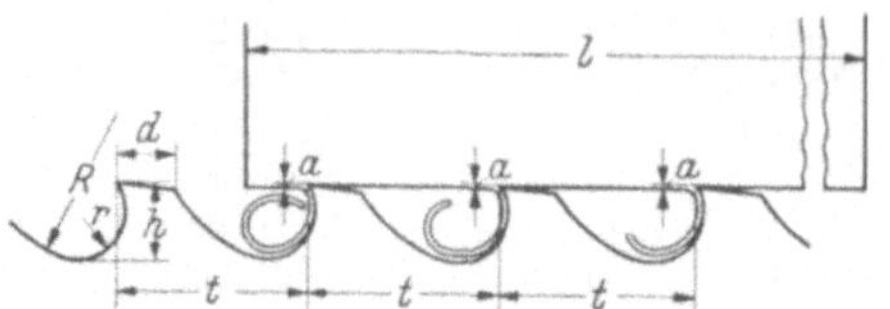

Abb. 17. Form der Zahnlücke. (Maße siehe Formeln für die Teilung, Abschnitte 13 und 18, sowie Tabelle 3.)

drücken. Diese Bestimmung der Mindestgröße der Zahnlücke ist also unabhängig von der Wahl der Teilung, wie sie sich aus den Anforderungen an die Zahnfolge ergibt (Abschn. 18). Die Mindestgröße der Zahnlücke legt die untere Grenze der Teilung fest, unter die sie nicht kommen darf. Sie wird berechnet, indem die zerspante Schicht mit einer dem jeweiligen Werkstoff und der Schnittiefe je Zahn angepaßten Spanraumzahl multipliziert wird.

Die *Mindestteilung*, die die Mindestgröße der Zahnlücke (Abb. 17) bestimmt, wird nach folgender Formel berechnet:

$$t_{min} \sim 3\sqrt{l \cdot a \cdot x} > 3 \text{ mm}$$

(kleinere Teilungen sind nur schwer herzustellen),
wobei $l =$ Länge der zu räumenden Fläche oder Profilbahn,

$\quad a =$ Schnittiefe je Zahn (Zahlenwerte: Tab. 5, Abschn. 16),

$\quad x = 3 \cdots 5$ (schruppen), sowie 6 (schlichten) für spröde, bröckelnde Werkstoffe,

$\qquad 5 \cdots 8$ (schruppen), sowie 10 (schlichten) für zähe, langspanende Werkstoffe,

(niedrige Werte für stärkere, höhere Werte für dünnere Spanschichten),

$\quad x =$ Spanraumzahl; sie gibt an, um wievielmal mehr Raum der zerspante Werkstoff im Verhältnis zum unzerspanten einnimmt.

Die Teilung und damit die Zahnlücke kann in den Fällen kleiner genommen werden, in denen bei schrägverzahnten Schneiden der Span Gelegenheit hat, in spiraliger Form seitlich auszutreten (Abb. 18).

Abb. 18. Spiralige Spanbildung bei schrägverzahnten Schneiden und freier Entwicklungsmöglichkeit des Spanes.

b) Gestalt. Während die Form der Zahnlücke bei einer Zahnfolge, die spröden Werkstoff zerspanen soll, sich den Bedürfnissen möglichst günstigen Nachschleifens anpassen kann, muß die Zahnlücke bei solchen Räumzeugen, die zur Bearbeitung von zähen Werkstoffen geeignet sein sollen, eine Form erhalten, die die Spanlockenbildung erlaubt und unterstützt.

Zu diesem Zwecke sollte der Zahngrund mit genügend großen Radien abgerundet sein (Abb. 17). Werte für die Maße der Zahnlücke gibt Tab. 3.

Tabelle 3. *Maße für die Zahnlücke* (Abb. 17).

	Normalfall	Lange Räumbahnen Große Teilungen
Zahnhöhe h	0,4 t	0,3 t
Zahngrund r	0,5 $\cdots$ 0,6 h	0,4 $\cdots$ 0,6 h
Zahnrückendicke d . . .	0,3 $\cdots$ 0,35 t	0,25 t
Zahnrückenrundung R . .	1,5 $\cdots$ 2,0 h	1,5 $\cdots$ 2,0 h

14. Einflußfaktoren auf die Gestaltung der Zahnfolge. Mit der Gestaltung der Zahnfolge des Werkzeuges wird entschieden über den Zerspanungsanteil, den jeder einzelne Zahn übernehmen soll. Zunächst ist zu klären, ob die Staffelung in die

Tiefe oder seitlich vorgenommen werden soll (vgl. Abschn. 3). Ist diese grundsätzliche Wahl getroffen, so sind eine Reihe von Folgerungen aus den Merkmalen des Werkstückes zu ziehen. Zu fragen ist:

1. Wie groß sind Breite und Länge der zu räumenden Flächen oder Profilbahnen?
2. Wie groß ist die Maßgenauigkeit, die verlangt wird?
3. Welche Schicht soll abgetragen werden?
4. Welche Oberflächengüte soll erzielt werden?

Unter Berücksichtigung der Forderungen der Räumaufgabe wird die Zahnfolge in eine Schrupplänge, eine Schlichtlänge und eine Feinschlichtlänge unterteilt. Soll z. B. die Oberfläche besonders hochwertig sein, oder wird eine gute Oberfläche mit hoher Maßgenauigkeit verlangt, so ist eine entsprechende Anzahl von Feinschlichtzähnen vorzusehen. Falls das Werkzeug einteilig ist und nicht im Umfange der durch das Nachschleifen verringerten Zahnhöhe nachgestellt werden kann, so sieht man, um die Lebensdauer der Zahnfolge zu verlängern, noch zusätzlich eine Anzahl von Schlicht- und Feinschlichtzähnen vor. Denn wenn die Schruppzähne an der Brust nachgeschliffen werden, so fallen zu Beginn der Zahnfolge wegen der nunmehr zu kurzen Zähne zunächst eine und dann bei weiterem Nachschleifen noch weitere Schneiden für die Bearbeitung aus. Entsprechend werden dann Schlichtzähne zu Schruppzähnen und Feinschlichtzähne zu Schlichtzähnen umgeschliffen. Diese Maßnahme ist bei gebauten Werkzeugen (s. Abschn. 21) nicht erforderlich, da sich bei ihnen durch Einlegen von Blech zwischen die Zahnungseinsätze und den Werkzeughalter oder durch Nachstellen eines zwischen beiden Werkzeugelementen angeordneten Keiles ein Ausgleich für die abgeschliffene Zahnhöhe schaffen läßt.

Handelt es sich beim Räumen lediglich um ein Abtragen von Werkstoff und um Maße innerhalb größerer Toleranzen, so kann vielfach von Feinschlichtzähnen überhaupt abgesehen werden. In allen Fällen dagegen, in denen eine hohe Güte der Oberfläche und eine gute Maßgenauigkeit verlangt wird, ist vorweg eine Teillänge des Werkzeuges für die Feinschlichtzähne vorzusehen. Dann erst wird die Länge der Zahnfolge für die eigentlichen Schneidzähne (Schrupp- und Schlichtzähne) ermittelt.

15. Berücksichtigung der Hubkraft der Maschine. Die erste Überlegung, die anzustellen ist, lautet: Welchen Spanquerschnitt kann die Räummaschine bei ihrer gegebenen Leistungsfähigkeit gleichzeitig bewältigen? Man geht hierbei von der größten Hubkraft der Maschine aus, zieht eine angemessene Kraftreserve ab, die beim Stumpfwerden der Zähne zur Verfügung stehen muß (35%), und setzt diese so gefundene Zugkraft dem Widerstand gegenüber, den der Werkstoff dem Eindringen der Schneiden bieten würde. Diese Widerstandsfähigkeit wird ausgedrückt durch die Größe des spezifischen Schnittwiderstandes (kg/mm²). Teilt man die Zugkraft durch den spezifischen Schnittwiderstand (=spezifische Hauptschnittkraft), so erhält man den Spanquerschnitt, der von dem in Eingriff stehenden Teil der Zahnfolge gleichzeitig abgetragen werden kann:

$$q = \frac{P}{k_s}.$$

Darin ist: P die ausnutzbare Hubkraft der Maschine,
$\quad\quad\quad k_s$ die spezifische Hauptschnittkraft (s. Tab. 4).

16. Anpassung der Zähnezahl an den gegebenen Werkstoff. Nach der Feststellung des Werkstoffquerschnitts, den die verwandte Maschine bei ihrer ausnutzbaren Hubkraft gleichzeitig im Bereich der Räumlänge des Werkstücks abheben kann, läßt sich unter Berücksichtigung der für den gegebenen Werkstoff günstigsten Spandicke die Anzahl der Zähne errechnen, die auf den Bereich der Räumlänge verteilt werden müssen:

$$z = \frac{P}{a\,b\,k_s}.$$

Darin ist: a die günstigste Schnittiefe/Zahn (s. Tab. 5),
b die Breite der abzuhebenden Schicht,
P und k_s wie in Abschn. 15.

Tabelle 4. *Spezifische Hauptschnittkraft beim Räumen verschiedener Werkstoffe*

(bei Anwendung von Schnellstahlwerkzeugen.)

Werkstoff	k_s (kg/mm²)	bei Schnittiefe/Zahn von
Grauguß, weich	120···160	0,25···0,1 mm
Grauguß, hart	200···280	0,07 mm
Temperguß	150···200	0.10 mm
Stahlguß	300···330	0,10 mm
Stahl, mittlere Festigkeit .	400···460	0,06···0,03 mm
Stahl, zähhart, hoch legiert	500···600	0,06···0,03 mm
Messing, mit Bleizusätzen.	100	0,25 mm
Messing, warmgepreßt . .	120···180	0,25···0,10 mm
Gußbronze, zäh	160···220	0,40···0,25 mm
Aluminium-Legierungen .	80···120	0,25···0,1 mm
Magnesium-Legierungen .	50	0,3 mm

(höhere Werte für geringe Schnittiefe, kleinere Werte für
größere Schnittiefe).

Tabelle 5. *Schnittiefe je Zahn.*

Werkstoff	Günstigste Schnittiefe a je Zahn in mm bei Außenräumwerkzeugen	
	Schruppen	Schlichten
Stahl, zähhart	0,02···0,05	0,01
Stahl, mittlere Festigkeit	0,03···0,08	0,01
Stahlguß	0,05···0,10	0,02
Temperguß	0,05···0,10	0,01
Grauguß	0,07···0,15	0,01
Messing	0,05···0,20	0,01
Zinkspritzguß	0,08···0,20	0,02
Gußbronze	0,10···0,30	0,01
Aluminium-Knetlegierungen (kupferlegiert) .	0,08···0,20	0,02
Aluminium-Gußlegierungen (siliziumlegiert) .	0,08···0,20	0,02
Magnesium-Spritzguß.	0,20···0,40	0,02

17. Anpassung der Zähnezahl an die Gestalt des Werkstücks. Man nimmt bei
gleichbleibender Teilung eine größere Anzahl von Zähnen mit geringerer Spantiefe
als im Hinblick auf den Werkstoff notwendig wäre, wenn das zu räumende Werkstück so gestaltet ist, daß es unter der Hauptschnittkraft leicht ausweichen kann,
also beispielsweise bei der Bearbeitung von gehäuseartigen Werkstücken mit verhältnismäßig geringen Wandstärken.

18. Die Zahnteilung wird nach folgender Formel errechnet:

$$t = \frac{a\,l\,b\,k_s}{P} \qquad \text{(s. Abb. 19).}$$

Darin ist: a die Schnittiefe je Zahn (s. Tab. 5), k_s die spezifische Hauptschnittkraft
l die Räumlänge des Werkstücks, (s. Tab. 4),
b die Räumbreite, P die ausnutzbare Hubkraft der Maschine.

Die so ermittelte Teilung ist daraufhin nachzuprüfen, ob sie eine für die Spanaufnahme genügend große Zahnlücke bildet, also größer als t_{min} ist (s. Abschn. 13). Anderenfalls ist mindestens t_{min} als Teilung zu wählen.

19. Die gesamte Länge des Räumwerkzeugs. Die gesamte Länge des Außenräumwerkzeugs (ohne Feinschlichtzahnung) verhält sich zur Räumlänge des Werkstücks wie die gesamte durch das Räumen abzutragende Schicht zu der von den gleichzeitig im Eingriff stehenden Zähnen abzuhebenden Schicht, so daß sich die Formel ergibt (Abb. 19):

$$L = l\,\frac{A}{a\,z}.$$

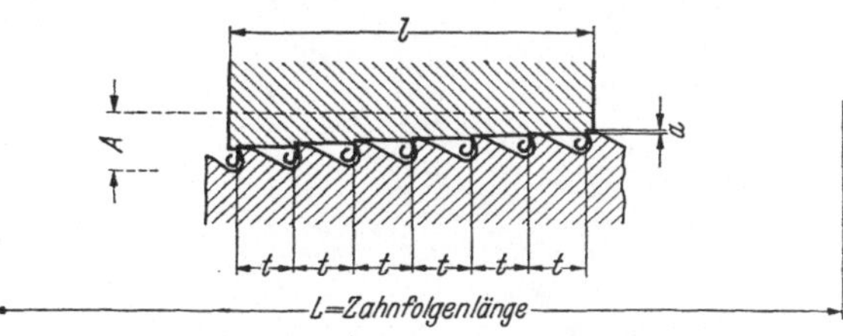

Abb. 19. Räumlänge, Räumtiefe und Teilung.
a = je Zahn abgenommene Schicht; A = gesamte Räumtiefe; l = Räumlänge; L = Zahnfolgenlänge; t = Zahnteilung.

Darin ist: A die Dicke der durch das Räumen abzutragenden Schicht,
             a die Schnittiefe je Zahn (s. Tab. 5),
             l die Räumlänge des Werkstücks,
             z die auf die Räumlänge l verteilte Zähnezahl (Abschn. 16).

Die vorstehende Formel gilt lediglich für solche Außenräumarbeiten, bei denen die Schnittiefe je Zahn und die Breite der abzuhebenden Schicht gleichbleiben. Bei veränderlicher Schnittiefe und Räumbreite müssen die Spanquerschnitte der einzelnen Teillängen unterschiedlicher Räumbreite oder Schnittiefe (z. B. zwischen Schrupp- u. Schlichtzahnung) in die Rechnung eingesetzt und aus den Teillängen dann die Gesamtlänge der Schrupp- bzw. Schlichtzahnung des Außenräumwerkzeugs zusammengesetzt werden.

Für die Feinschlichtzahnung, deren Schneiden alle gleich hoch sind, ist dann noch ein zusätzlicher Längenabschnitt vorzusehen. Feinschlichtzähne geben das genaue Maß und die verlangte Oberflächengüte, indem sie das Werkstück, das wegen der während des Schruppens und Schlichtens auftretenden hohen Schnittkräfte zurückgewichen ist, wieder zurückfedern und die durch die Federung zurückgedrängten Werkstoffteile wieder in den Bereich der Schneiden kommen lassen. Die Feinschlichtlänge wird daher um so größer sein müssen, je mehr das Werkstück die Neigung hat, durchzufedern. Auch die geforderte Maßtoleranz beeinflußt die Länge der für das Feinschlichten vorzusehenden Zahnfolge. Je enger die Toleranz, um so mehr Feinschlichtzähne sind nötig.

Nachdem die Teillängen des Werkzeugs für das Schruppen, Schlichten und Feinschlichten in der dargestellten Weise bestimmt sind, werden sie zu dessen Gesamtlänge zusammengesetzt, und diese Gesamtlänge zuzüglich der Räumlänge des Werkstücks ist dann mit dem Hub der Räummaschine zu vergleichen. Überschreitet der ermittelte Wert den Hub der Räummaschine, so muß die Räumaufgabe auf zwei Werkzeuge verteilt werden, von denen das eine schruppt und das andere schlichtet.

20. Der konstruktive Aufbau des Außenräumwerkzeuges. Soweit eng begrenzte Formflächen auf waagerechten Räummaschinen durch Außenräumen zu bearbeiten sind, besteht das den jeweiligen Teilabschnitt formende Werkzeug meist aus einem einzigen Teil (Abb. 20 u. 21).

Das gleiche gilt für Werkzeuge, die auf hydraulischen Pressen für die Bearbeitung kleiner Werkstücke Anwendung finden. Auch sie sind meist einteilig (Abb. 22). Sobald jedoch größere und vor allen Dingen stärker profilierte Bahnen zu bearbeiten sind, ist es notwendig, das Außenräumwerkzeug aus einer Anzahl von Teilen, die in einem Werkzeughalter vereinigt werden, zusammenzusetzen. Bei diesen „gebauten Räumwerkzeugen" sind zu unterscheiden die schneidenden Teile und der diese schneidenden Teile aufnehmende Werkzeughalter (Abb. 23). Teilweise werden die Schneidenteile zunächst in Zwischenhaltern aufgenommen, die dann im Haupthalter vereinigt werden. Eine

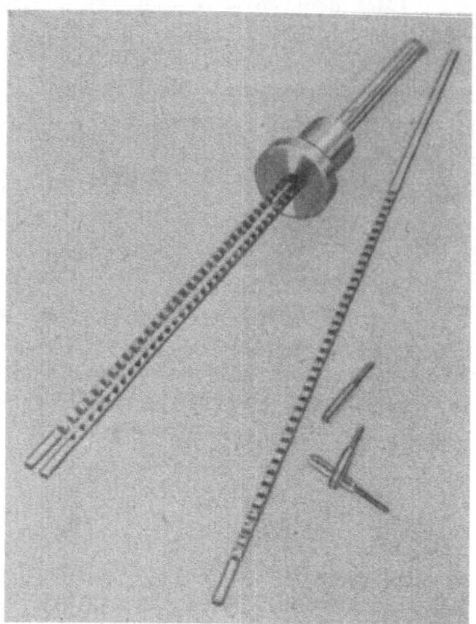

Abb. 20. Räumen von drei Nuten in einen Bolzen durch drei einteilige Werkzeuge. (SIG).

Abb. 21. Einteiliges Räumwerkzeug für waagerechte Räummaschine zum Fertigräumen von „Christbaum"-Nuten in den Umfang von Turbinenrädern (SIG.).

große Mannigfaltigkeit in Konstruktion und Aufbau des Außenräumwerkzeuges ist die Folge.

Die Werkzeughaupt- und -zwischenhalter sind die Verbindungsglieder zwischen den Zahnfolgen und dem Werkzeugschlitten der Maschine. Bei gebauten Räumwerkzeugen, die in hydraulischen Pressen arbeiten, wird der Werkzeughalter in der Vorrichtung geführt (Abb. 24). Falls mehrere Flächen oder Profilbahnen zu bearbeiten sind, vereinigt man in einem Werkzeughalter mehrere parallele Zahnfolgen. Diese Trennung der Schneidenteile vom Werkzeughalter ist notwendig, damit die Schneidenteile sich bei der Herstellung leichter bearbeiten lassen und auch im späteren Gebrauch besser nachgeschliffen, instandgesetzt und entsprechend der beim Nachschärfen abgeschliffenen Zahnhöhe nachgestellt werden können.

Man setzt eine gegebene Zahnfolge aus Teilabschnitten zusammen, die zwischen 150 und 350 mm lang sind (Abb. 25). Die Unterteilung wird dabei

Abb. 22. Einteiliges Werkzeug zum gleichzeitigen Räumen von 10 Zahnstangen, Mod. 1.

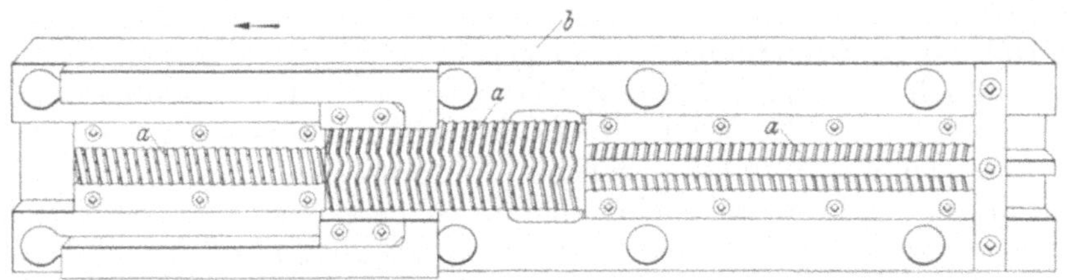

Abb. 23. Gebautes Räumwerkzeug. a = Schneidenteile; b = Werkzeughalter.

zweckmäßig so gewählt, daß die Schneiden eines Teilabschnittes sich gleichmäßig abnutzen. Man wird also die Schneiden der Schrupp-, Schlicht- und Feinschlicht-folge voneinander trennen, da sie sich verschieden stark abnutzen und so auch verschieden stark nachgestellt werden müssen. Größere Längen würden zu große Schwierigkeiten bei der Wärmebehandlung, sowie bei der mechanischen Bearbeitung ergeben.

In Sonderfällen werden die Schneiden auch einzeln in den Schneidenhalter eingesetzt (Abb. 26).

Abb. 24. Gebautes Räumwerkzeug zur beiderseitigen Bearbeitung eines Werkstückes.

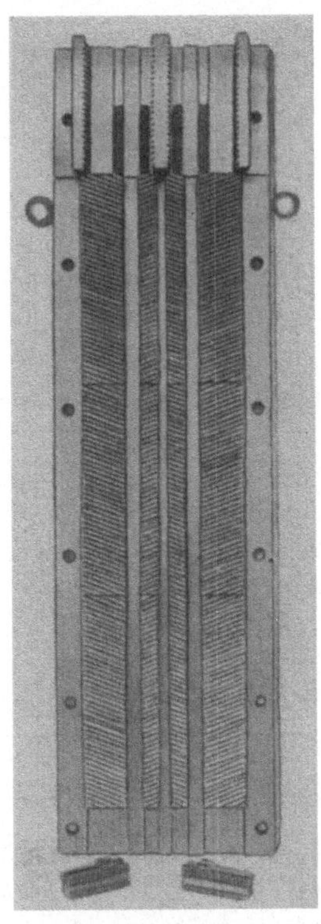

Abb. 25. Gebautes Räumwerk-zeug für Senkrecht-Außenräum-maschinen.

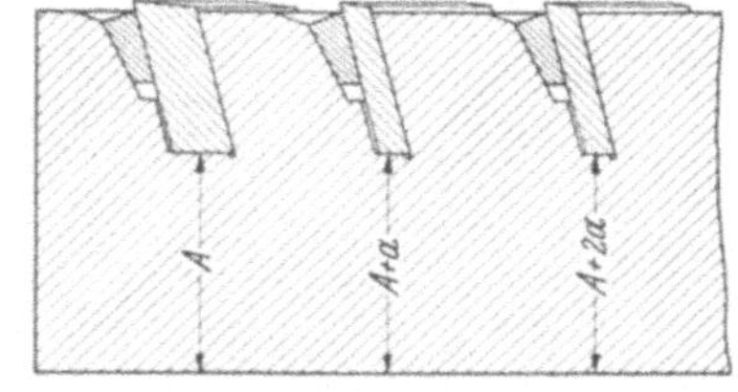

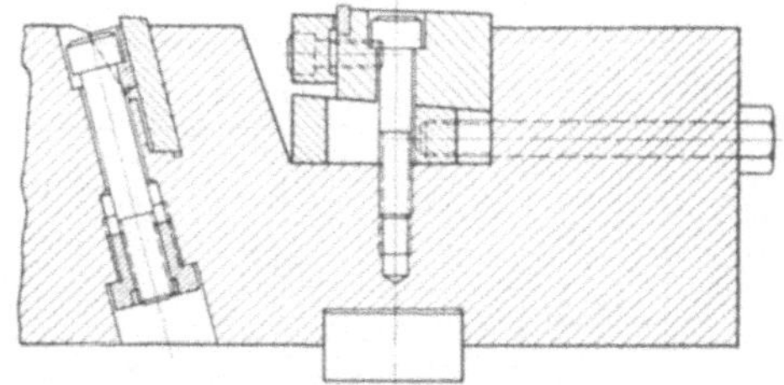

Abb. 26. Räumwerkzeug mit eingesetzten Einzel-schneiden (Cincinnati).

21. Die Befestigung der Zahnungseinsätze auf dem Schneidenhalter. Der Werkzeughalter soll die Schneidenteile in ihrer gegenseitigen Lage halten, die Schnittkraft sicher aufnehmen und auf den Werkzeugschlitten der Maschine übertragen sowie die Möglichkeit zur Nachstellung der Schneidenteile (s. in diesem Abschnitt w. u.) zum Ausgleich der Abnutzung geben.

Die Verschraubung von Schneidenteil und Werkzeughalter kann verschieden vorgenommen werden und richtet sich nach den gegebenen Formen und Abmessungen von Werkstück und Werkzeug. Man nimmt hierzu bevorzugt Innensechskantschrauben, die versenkt angeordnet werden.

Meist werden die Zahnungseinsätze von hinten her mit Hilfe der Schrauben gegen den Werkzeughalter gezogen (Abb. 27 u. 28). In den U. S. A. sind die Durchmesser der Schraubenlöcher sowie der Versenkungen zur Aufnahme von Schraubenkopf und Unterleg-

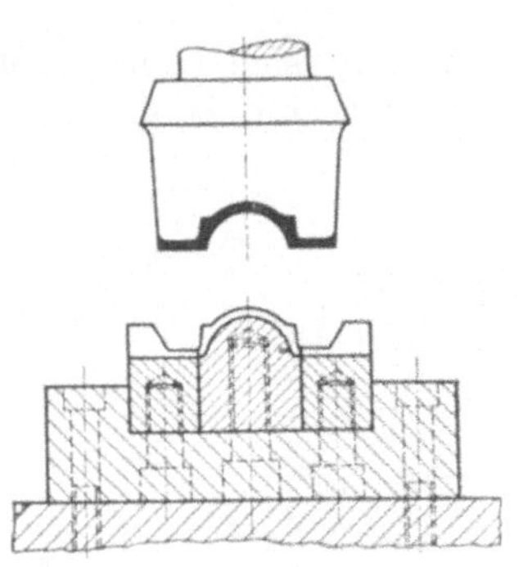

Abb. 27.
Befestigung der Schneidenteile.

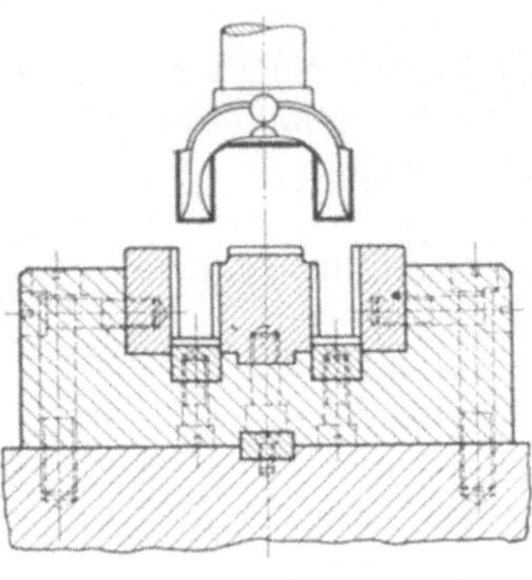

Abb. 28.
Befestigung der Schneidenteile.

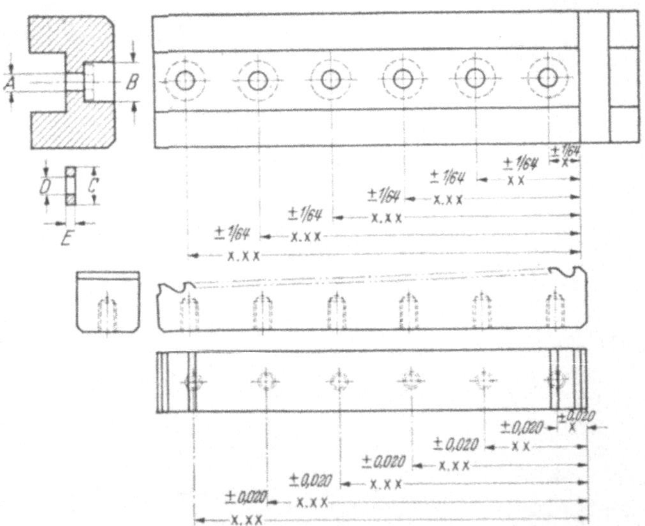

Schrauben-größe	♯8	♯10	$1/4$	$5/16$	$3/8$	$7/16$	$1/2$	$9/16$	$5/8$	$3/4$
A	$17/64$	$19/64$	$23/64$	$27/64$	$31/64$	$35/64$	$39/64$	$43/64$	$47/64$	$55/64$
B	$17/32$	$19/32$	$23/32$	$25/32$	$29/32$	$1^1/32$	$1^5/32$	$1^9/32$	$1^{13}/32$	$1^{19}/32$
C	$7/16$	$1/2$	$5/8$	$11/16$	$13/16$	$15/16$	$1^1/16$	$1^3/16$	$1^5/16$	$1^1/2$
D	$13/64$	$7/32$	$9/32$	$11/32$	$15/32$	$17/32$	$17/32$	$19/32$	$21/32$	$25/32$
E	$1/16$	$1/8$	$1/8$	$1/8$	$3/16$	$3/16$	$3/16$	$3/16$	$1/4$	$1/4$

Abb. 29. Normen des Broaching Tool Institutes für die Durchmesser der Schraubenlöcher und Versenkungen in Werkzeughaltern gebauter Außenräumwerkzeuge. Alle Maße in Zoll.

scheibe im Werkzeughalter zusammen mit den Abmessungen der Unterlegscheiben genormt (Abb. 29). Die Kraft wird entweder durch Querriegel übertragen, vor die die in Druckrichtung liegende Stirnseite des Zahnungseinsatzes

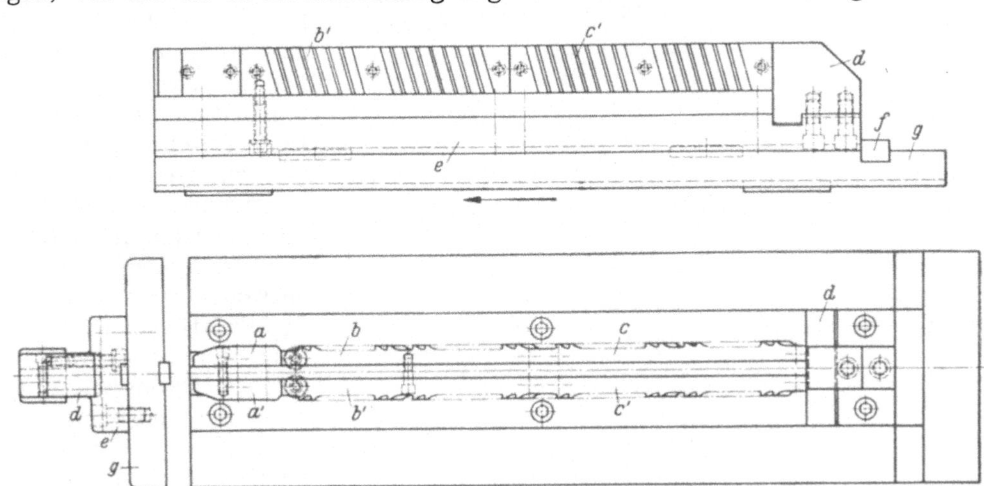

Abb. 30. Gebautes Außenräumwerkzeug mit Kraftübertragung zwischen Zahnungsteilen und Zwischenhalter durch Querriegel (U.S. Broach).
a, a' Führungsteile, *b, b'* u. *c, c'* Zahnungseinsätze; *d* Querriegel zwischen Zahnungseinsätzen und Zwischenhalter; *e* Zwischenhalter; *f* Querriegel zwischen Zwischenhalter und Haupthalter; *g* Haupthalter.

stößt (Abb. 30), oder durch Querkeile, die in Nuten von Werkzeughalter und Zahnungseinsatz eingreifen (Abb. 32).

Wenn halbrunde Profilbahnen zu räumen sind, oder solche Profilbahnen, die ein Kreissegment bilden, so unterteilt man die Schneidenfolge in eine Anzahl verhältnismäßig kurzer runder Teilabschnitte, die an beiden Enden abgesetzt sind (Abb. 31). Der Ansatz am einen Ende ist im Durchmesser größer als am anderen, so daß eine Bohrung in dem mit größerem Durchmesser versehenen Ansatz den mit dem kleineren Durchmesser versehenen Ansatz des nächsten Teilabschnittes der Zahnfolge aufnehmen

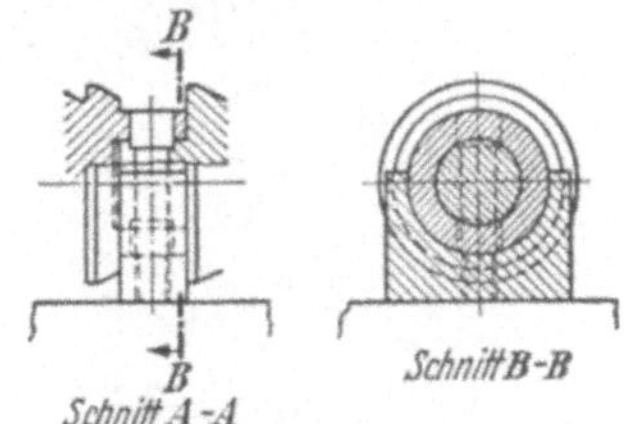

kann. Quer durch die ineinander geschobenen Ansätze ist ein Loch zur Aufnahme der Befestigungsschraube gebohrt. Diese dient aber nur zur Festlegung, während die Kraft durch einen im Querschnitt halbkreisförmig ausgebildeten Riegel aufgenommen wird, in den die Ansätze der Schneidenteile gebettet sind und gegen den die an den jeweiligen Ansatz anschließende Stirnseite des Schneidenteiles liegt. Nach Abnutzung der einen Hälfte des Kreisprofils werden die Zahnungseinsätze um 180° um ihre Achse gedreht.

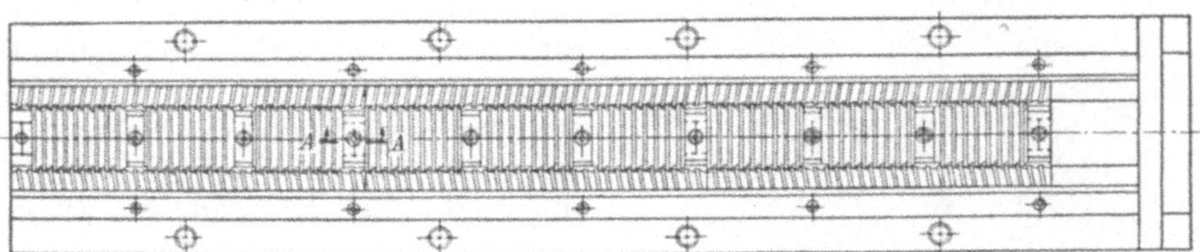

Abb. 31. Gebautes Räumwerkzeug zum Außenräumen halbrunder Profile.

Durch Nachstellbarkeit der Zahnungseinsätze gebauter Außenräumwerkzeuge entsprechend der durch das Schärfen verlorengegangenen Zahnhöhe läßt sich deren Gebrauchsdauer wesentlich erhöhen. Werkzeuge zum Räumen ebener Flächen brauchen nicht nachgestellt zu werden, da es einfacher ist, die Werkstück-Spannvorrichtung auf dem Maschinentisch zum Werkzeug hin zu verschieben. Die konstruktiv einfachste Art der Nachstellung kann je nach der Art des Werkzeuges entweder durch Abschleifen von Paßstücken (s. Abb. 42) oder durch Einlegen von dünnen Blechstreifen zwischen Zahnungseinsatz und Schneidenhalter vorgenommen werden. Das zweite Verfahren erfordert jedoch

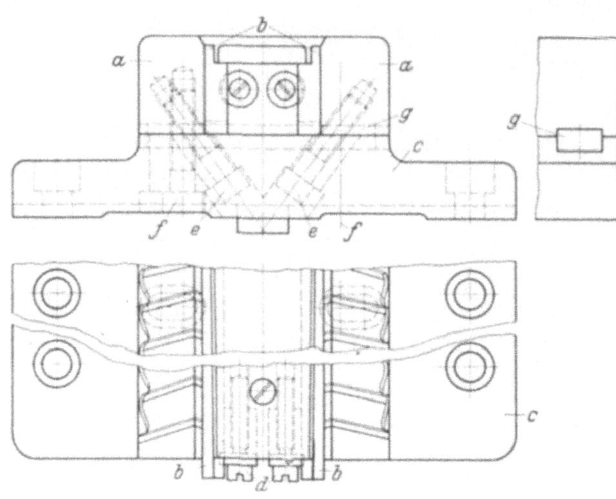

Abb. 32. Gebautes Außenräumwerkzeug mit durch Längskeile verstellbaren Zahnungseinsätzen (Forst).
a Zahnungseinsätze; *b* Keilleisten; *c* Schneidenhalter; *d* Nachstellschrauben; *e* Schrauben zum Anziehen der Zahnungseinsätze gegen die Nachstelleisten *b*; *f* Schrauben zum Befestigen der Zahnungseinsätze auf dem Schneidenhalter; *g* Keil zur Kraftübertragung zwischen Zahnungseinsätzen und Schneidenhalter.

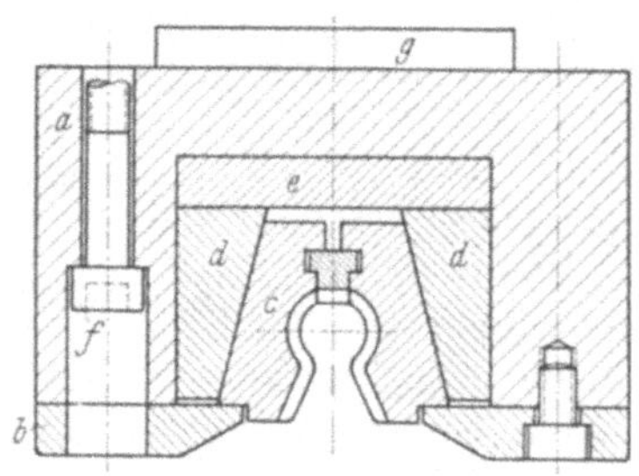

Abb. 33. Nachstellung der Zahnungseinsätze durch Keilleisten.
a Werkzeughalter; *b* Deckleisten; *c* Zahnungseinsätze; *d* u. *e* Keilleisten; *f* Schraube zur Befestigung des Räumwerkzeuges auf dem Räumschlitten; *g* Paßfeder zur Übertragung der Schnittkraft.

verhältnismäßig viel Zeit. Um sie abzukürzen, hat man vielfach in gebaute Außenräumwerkzeuge zwischen die Zahnungseinsätze und den Schneidenhalter besondere Nachstellelemente eingefügt. Abb. 32 zeigt ein Werkzeug, bei dem die Zahnungseinsätze nach dem Lösen der Befestigungsschrauben, die in Schlitzen des Schneidenhalters geführt sind, durch das Verschieben von Längskeilen seitlich verstellt werden können. Bei dem Profilräumwerkzeug der Abb. 33 werden bei jedem Nachschärfen der

Abb. 34. Außenräumwerkzeug mit starker Nachstellbarkeit der Zahnungseinsätze (American Broach).

beiden seitlichen Zahnungseinsätze deren Paßflächen, die am mittleren Zahnungseinsatz anliegen, ebenfalls nachgeschliffen, so daß trotz des Verlustes an Zahnhöhe das Profil erhalten bleibt. Der dabei verringerte Abstand der Schneiden jedes der seitlichen Zahnungseinsätze von deren Grundfläche wird durch das Nachschieben der Keilleisten d und e ausgeglichen. Eine stärkere Nachstellung als Keilleisten ermöglicht die in Abb. 34 dargestellte Konstruktion. Die beiden äußeren Zahnungseinsätze sitzen in Kulissen, die nach dem Lösen der als Befestigungsschrauben

Abb. 35. Werkzeugschlitten mit Längs- und Quernuten zur Befestigung des Werkzeugs durch Schrauben (Karl Klink).

Abb. 36. Zwei Werkzeugschlitten mit Schwalbenschwanzleisten zur Befestigung der Werkzeuge durch Spannpratzen (Cincinnati).

dienenden Kopfschrauben in der Länge der Schlitze verschoben werden können, indem die seitlich aus dem Werkzeug herausragenden Stiftschrauben gedreht werden. Die beiden inneren Zahnungseinsätze sind bei diesem Werkzeug nicht verstellbar.

Abb. 37. Führung von Außenräumwerkzeugen in einer Vorlage des Maschinenkopfes einer waagerechten Räummaschine (Forst).

Abb. 38. Führung eines Außenräumwerkzeuges in der Vorrichtung einer Räumpresse (Colonial).

22. Die Befestigung des Außenräumwerkzeugs auf dem Werkzeugschlitten der Maschine. In senkrechten Außenräummaschinen werden die Werkzeuge auf dem auf- und abgehenden Werkzeugschlitten aufgespannt. Die meisten Firmen geben dem Werkzeugschlitten der Maschine Quernuten zum Übertragen der Schnittkräfte über Querkeile und Längsnuten zur Ausrichtung der Werkzeuge. Die Werkzeuge werden mit Schrauben befestigt, die in Gewindelöcher der Schlittenplatte eingezogen werden (Abb. 35). Eine Baufirma von Außenräummaschinen richtet die Werkzeuge an einer Schwalbenschwanzleiste an der einen Seite des Werkzeugschlittens aus. Gleichzeitig wird das Werkzeug durch die Schräge der unterschnittenen Schwalbenschwanzleiste auf einer Seite gehalten, während gegen die schräge Werkzeugkante der anderen Seite Spannpratzen angezogen werden (Abb. 36, s. auch Abb. 66).

23. Die Aufnahme von Außenräumwerkzeugen in waagerechten Räummaschinen. In waagerechten Räummaschinen, die keinen besonderen Werkzeugschlitten haben, werden Außenräumwerkzeuge in einer Vorlage des Maschinenkopfes geführt (Abb. 37). Die Führungsleisten sind in der Längsrichtung keilförmig und können durch Stellschrauben quer zum Werkzeug verschoben werden, wenn das Werkzeug durch Nachschärfen an Zahnhöhe verloren hat. Der Werkzeugschaft wird über einen passenden Werkzeughalter im Ziehkopf der Maschine befestigt.

24. Die Aufnahme von Außenräumwerkzeugen in Räumpressen. Auch beim Außenräumen auf Räumpressen muß für das Werkzeug eine besondere Führung vorgesehen werden (Abb. 38). Sie wird auf dem Tisch der Presse befestigt und hat gehärtete Gleitbahnen, in denen sich das Werkzeug bewegt. In dem dargestellten Beispiel ist der Führungskasten ein Teil der Spannvorrichtung, die zur Beschleunigung der Beschickung eine zum Werkzeug hydraulisch an- und abrückbare Werkstückaufnahme hat.

B. Beispiele von Außenräumwerkzeugen.

25. Werkzeug für waagerechte Räummaschine. Abb. 39 zeigt ein Außenräumwerkzeug für eine waagerechte Räummaschine zusammen mit seiner Führung und der Werkstückaufnahme. Die Schneidenfolge ist aus einer Reihe von Zahnungseinsätzen in einem Schneidenhalter zusammengesetzt. Derartige Werkzeuge brauchen nicht, wie es bei Innenräumwerkzeugen notwendig ist, vor Beginn jedes neuen Hubes vom Ziehkopf der Maschine gelöst zu werden, sondern bleiben fest mit ihm verbunden.

26. Werkzeuge für Umfangsräumen. Wenn Werkstücke auf ihrem ganzen Umfang geräumt werden sollen, wie es z. B. bei Zahnrädern, Riffelwalzen oder Kerbverzahnungen von Drehstabfedern der Fall ist, so müssen die Werkzeuge aus Einzelschneiden zusammengesetzt werden, da sie sonst nicht hergestellt oder geschärft werden könnten. Das Werkzeug, dessen Schnitt in Abb. 40 dargestellt ist, soll die Verzahnung eines kleinen Ritzels räumen. Die einzelnen Schneidringe sind in einem zylindrischen Schneidenhalter aneinandergereiht und mit ihm verschraubt. Das Werkzeug, das feststeht, ist auf dem Tisch einer senkrechten Innenräummaschine aufgebaut. Das Werkstück wird oberhalb des Werkzeugs auf einen Dorn aufgesteckt, der über ein Querhaupt und zwei Zugstangen mit dem unter dem Maschinen-

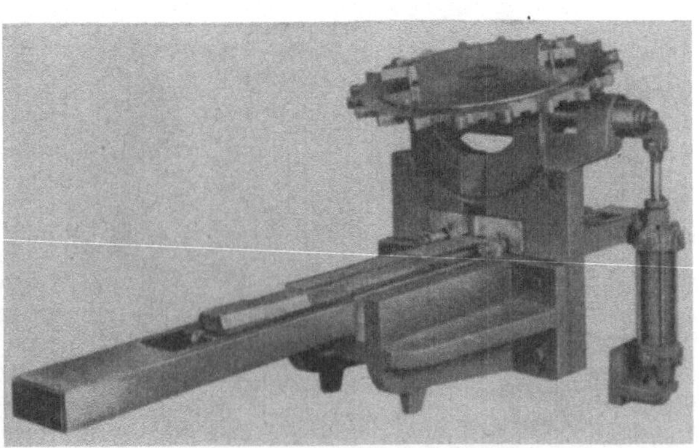

Abb. 39. Gebautes Außenräumwerkzeug für eine waagerechte Räummaschine (Colonial).

tisch liegenden Ziehkopf verbunden ist. Beim Beginn des Rückwärtshubes streift eine gefederte Nase das geräumte Werkstück vom Dorn ab. Mit dem ebenfalls aus Einzelschneiden zusammengesetzten Werkzeug der Abbildung 41 werden auf einer waagerechten Räummaschine die Köpfe von Drehstabfedern mit Kerbverzahnung

Abb. 41. Umfangsräumwerkzeug für die Köpfe von Drehstabfedern (Forst.)

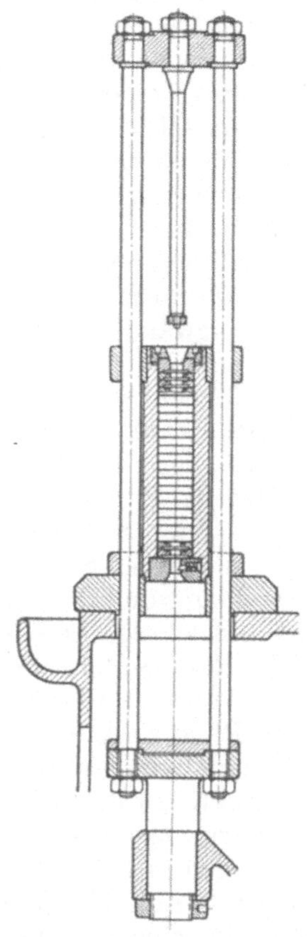

Abb. 40. Umfangsräumwerkzeug für ein kleines Ritzel (Forst).

geschlichtet und kalibriert. Das an der Oberseite des Schneidenhalters angeschlossene Rohr führt Schneidflüssigkeit zu, die innerhalb des Werkzeugs durch Nuten in Halter und Schneidringen in jede einzelne Zahnlücke eintritt, die Schneiden kühlt, bzw. schmiert und die Späne ausspült (s. auch Abb. 99 a).

27. Stoßräumwerkzeug. Das Stoßräumwerkzeug in Abb. 42 gibt zwei ebenen Seitenflächen an einem Scharnier den genauen Abstand voneinander sowie eine zueinander parallele Lage. Das Maß des Abstandes ist durch a festgelegt. Beim

Schärfen der Zahnungen werden die Paßstücke b zusammen mit den letzten 5 Schneiden, die als Kalibrierzähne dienen, parallel zur Stoßrichtung des Werkzeugs überschliffen. Die Führungsstücke d werden entsprechend nachgeschoben. Das Werkzeug kann sehr oft geschärft werden, ehe es unbrauchbar wird.

28. Werkzeug für Mehrfachräumen. In Abb. 43 ist links ein gebautes Räumwerkzeug gezeigt, das auf dem Schlitten einer senkrechten Außenräummaschine befestigt wird. Es bearbeitet mit jedem Hub drei Profilflächen an zwei Einzelteilen eines verstellbaren Schraubenschlüssels. Da je-

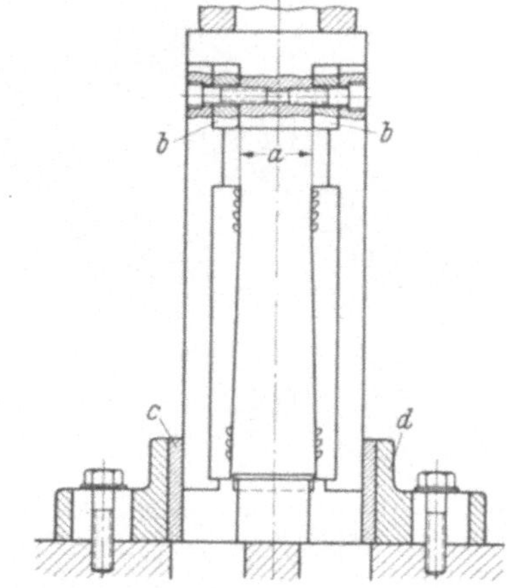

Abb. 42. Stoßräumwerkzeug (Berghaus). a Sollmaß des Werkstücks; b Paßstück; c gehärtete Führungsleisten; d Führungsstücke.

weils drei Werkstücke beim Einspannen übereinander gelegt werden, fallen mit jedem Hub 9 fertiggeräumte Werkstücke an. Diese Zusammenfassung des Räumens verschiedener Einzelteile eines Erzeugnisses in einem Räumhub führt zu einem besonders glatten Arbeitsfluß in der Fertigung, da keine Einzelteile gestapelt werden müssen, um auf die Ergänzung durch andere Einzelteile, die in einer späteren Reihe bearbeitet werden, zu warten. Gleichzeitig wird die Hubkraft der Maschine besser ausgenutzt, als wenn man die Teile jeweils für sich räumen würde.

29. Hartmetallwerkzeuge. Hartmetall wird in Räumwerkzeugen nur in Sonderfällen angewandt, da die geringe Schnittgeschwindigkeit beim Räumen keine Möglichkeit gibt, die Vorzüge dieses Schneidwerkstoffs voll auszunutzen. Bei der Bearbeitung der meisten Metalle durch Außenräumen haben auch Schnellstahlschneiden eine so lange Standzeit, daß die Verwendung von Hartmetall nicht lohnend sein würde. Eine Ausnahme macht das Räumen roher Graugußoberflächen. Durch sie werden die Schneiden von Räumwerkzeugen so stark angegriffen, daß die Gebrauchsdauer stark absinkt. In der Massen-

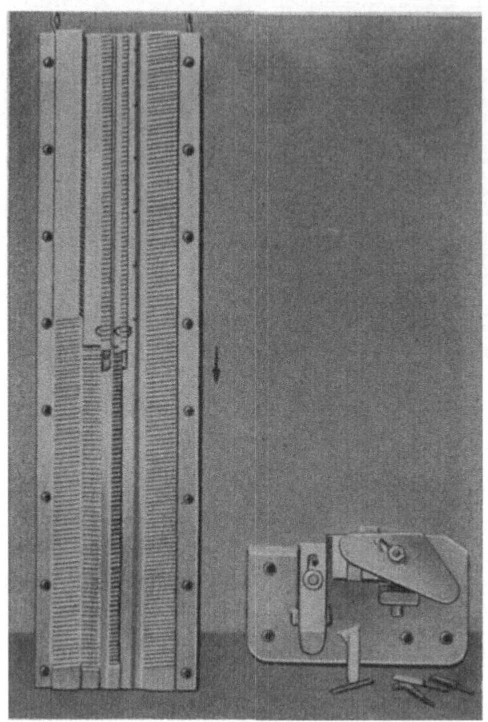

Abb. 43. Gebautes Außenräumwerkzeug für Mehrfachräumen mit Vorrichtung und Werkstücken (Forst).

fertigung von rohen Graugußteilen werden die Außenräumwerkzeuge daher gern mit Hartmetall bestückt. Die Räumwerkzeuge der Abb. 44 werden in Kettenräummaschinen (s. Abschn. 49, Abb. 118) eingebaut und bearbeiten in einem Schrupp- (oberes Werkzeug) und einem Schlichtarbeitsgang (unteres Werkzeug) die Rundung und die Stoßflächen von gußeisernen Ventilführungen für Kraftwagenmotoren. Da hiervon laufend große Mengen gefertigt werden, kommt es darauf an, den Werkzeugen eine lange Standzeit zu geben. Man hat daher die Schneiden mit Hartmetall bestückt. Durch Längskeile, die zwischen die Zahnungseinsätze und die Schneidenhalter eingelegt sind und durch Schrauben verstellt werden können, kann der beim Nachschleifen eintretende Verlust an Zahnhöhe ausgeglichen werden.

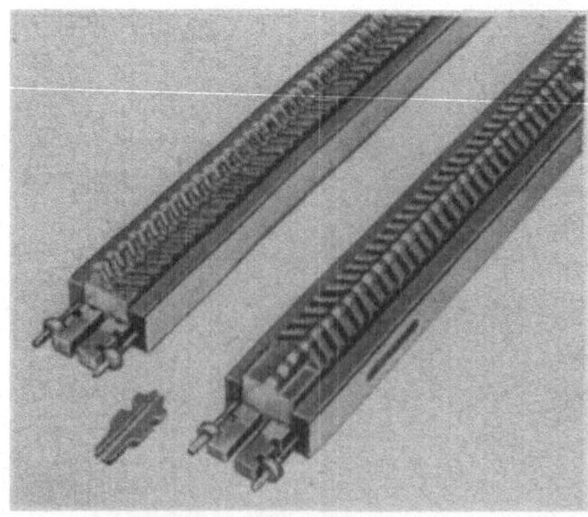

Abb. 44. Ortsfeste Außenräumwerkzeuge mit Hartmetallschneiden für Kettenräummaschine (Continental Tool).

Das für die Bearbeitung roher Graugußflächen an Zylinderblöcken und -köpfen besonders geeignete Schruppwerkzeug der Abb. 45 hat 75 mit Hartmetall bestückte Einzelzähne, die, zueinander versetzt, in 15 Reihen angeordnet sind. Sie sind in rechteckige Durchbrüche der Deckplatte eingeschoben und stützen sich mit ihrer am unteren Ende angebrachten Stellschraube gegen Meßleisten ab, die in Nuten der Deckplatte eingelegt sind und den Zähnen ihr Höhenmaß geben. Diese Zähne, die

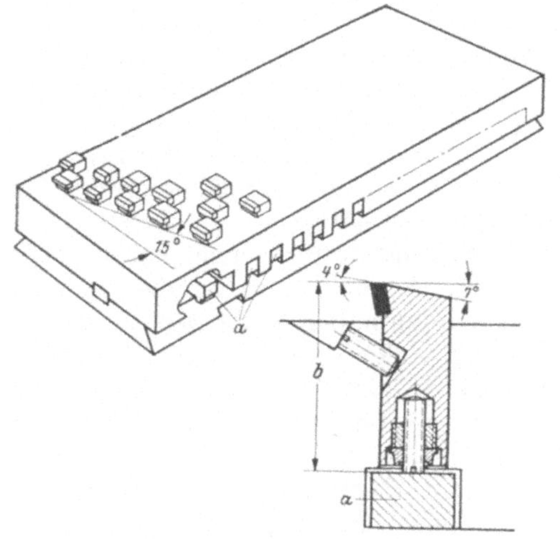

Abb. 45. Schruppräumwerkzeug mit hartmetallbestückten Einzelzähnen (National Broach). *a* Meßleisten (bestimmen die Zahnhöhe im Werkzeug); *b* einheitliches Höhenmaß für alle Schneideneinsätze (= 75 mm)

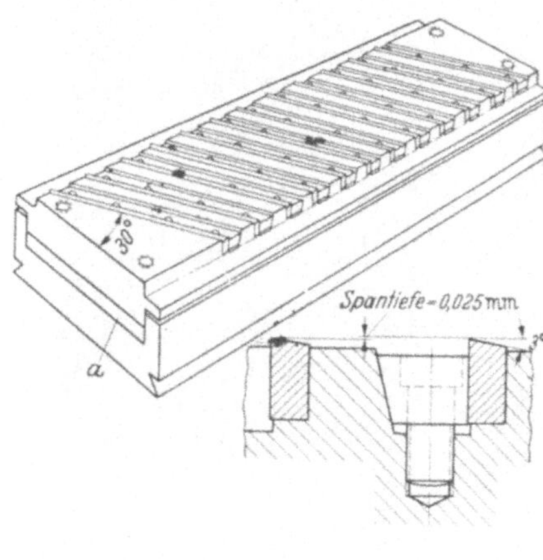

Abb. 46. Schlichträumwerkzeug mit hartmetallbestückten Einzelschneiden (National Broach). *a* verstellbare Keilplatte.

beim Räumen roher Gußteile verschieden stark verschleißen, können innerhalb kurzer Zeit gegen Reservezähne, deren Stellschrauben vorher außerhalb der Maschine auf das genaue Höhenmaß eingestellt sind, ausgetauscht werden. Das dargestellte Schruppwerkzeug wird zusammen mit 5 anderen Schruppwerkzeugen gleicher Konstruktion und zwei Schlichtwerkzeugen, die durchgehende, durch Keilleisten gehaltene Einzelschneiden aus Hartmetall haben (Abb. 46), in zwei Reihen übereinander auf der senkrechten Fläche des waagerecht bewegten Werkzeugschlittens einer Zylinderblockräummaschine aufgebaut. Der Hub der Maschine beträgt 3657 mm. Es werden gleichzeitig zwei Werkstücke, die übereinander angeordnet sind, geräumt.

30. Werkzeuge mit Seitenstaffelung. Die bisher dargestellten Räumwerkzeuge hatten Tiefenstaffelung. Ein Werkzeug mit Seitenstaffelung zeigt Abb. 47. Mit ihm wird die Stirnfläche eines Zylinderkopfes vom rohen Zustande aus geräumt. Sie wird zuerst geschruppt durch die beiden Zahnungseinsätze *A* und *B*, die ein Zerspanen von der Seite her bewirken. Sie können also auf der rohen Gußfläche ohne Vorarbeit ansetzen, da sie sofort kräftig unter der Gußkruste schneiden. Die letzten Zähne des Räumeinsatzes *B* überlappen diejenigen von *A*. Dahinter folgt der Räumeinsatz *C*, der die vorgeschruppte Fläche durch das Abheben einiger feiner Späne schlichtet. Auf dem Räumschlitten der Abb. 48 sind drei Werkzeuge mit verschiedenen Arten der Seitenstaffelung nebeneinander angeordnet. Ein rohes Graugußteil soll auf zwei Seiten eben bearbeitet und auf einer dritten Seite rechtwinklig abgestuft werden. Das linke Werkzeug hat Keilstaffe-

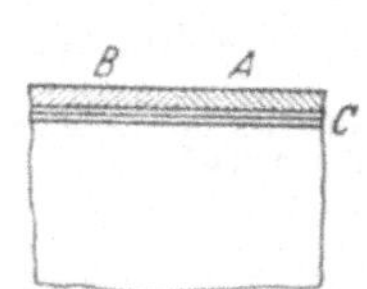

Abb. 47a und b. Räumwerkzeug mit teilweise seitlicher Zustellung. *A* Zahnungseinsatz zum Abheben von Schicht *A*; *B* Zahnungseinsatz zum Abheben von Schicht *B*; *C* Zahnungseinsatz zum Abheben von Schicht *C*.

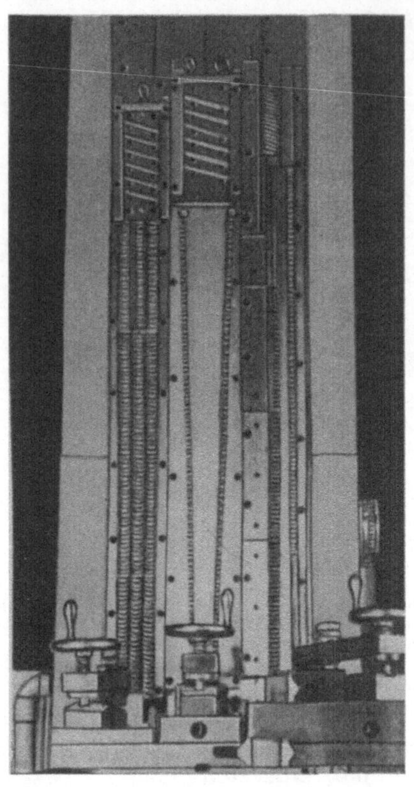

lung (s. Abschn. 3), das mittlere Seitenstaffelung nach Art der Abb. 47, jedoch mit Spanabhebung von innen nach außen, und das rechte Werkzeug eine Seitenstaffelung, die für rechtwinklige Ausarbeitungen an Werkstücken besonders geeignet ist (Abb. 48a). Im Anschluß an diese Schruppzahnungen ist jeweils eine Schlichtzahnung mit Tiefenstaffelung angeordnet, um dem Werkstück das vorgeschriebene Maß und die geforderte Oberflächengüte zu geben.

31. Profilräumwerkzeuge. Bei der Gestaltung von Außenräumwerkzeugen geht das Bestreben dahin, den Schneiden entweder geradlinigen oder kreisförmigen Verlauf zu geben, da sie auf diese Weise am einfachsten herzustellen und auch nachzuschärfen sind. Bei stark geformten, unregelmäßigen Profilen werden am Beginn der Zahnungsfolge die ersten Späne durch geradlinige Schneiden vom Werkstück abgehoben, die bei stärkeren Krümmungen auch in einem Winkel zuein-

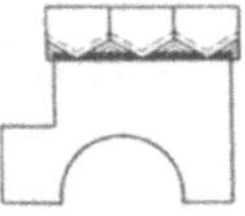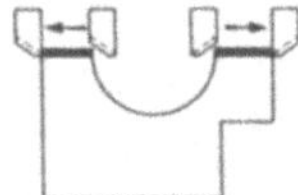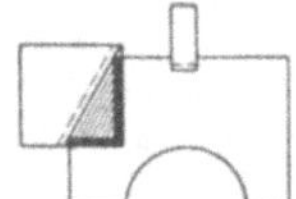

Abb. 48.   Mehrfachräumwerkzeug mit Keilstaffelung und zwei Arten der Seitenstaffelung (American Broach).

Abb. 48a. Querschnitt der vom Werkzeug Abb. 48 bearbeiteten Werkstücke mit Art der Schneidenstaffelung.

ander stehen und verschiedenen, in einem Schneidenhalter zusammengefaßten Zahnungseinsätzen angehören (Abb. 49a). Es soll das in Abb. 49b gezeigte Profil in das Werkstück eingearbeitet werden. Das Räumen dieses Profils wird je etwa

Abb. 49a. Zweifaches Profilräumwerkzeug. Staffelung steigt von hinten nach vorn an (National Broach).

Abb. 49b. Werkstück zu Profilräumwerkzeug Abb. 49a.

zur Hälfte einem der beiden rechtwinklig zueinander stehenden Zahnungseinsätze zugeteilt. An den Stellen, an denen Werkstoff stehen bleiben soll, wird die Zahnungsfolge mit zunehmender Steigung ausgespart, während dort, wo Vertiefungen entstehen, sollen die Zähne weiter ansteigen, dabei jedoch den geradlinigen Schneidenverlauf beibehalten. Auf diese Weise können auch schwierige Profile geräumt werden, ohne daß die Herstellung oder das Schärfen der Werkzeuge besondere Schwierigkeiten macht.

Einen kreisförmigen Schneidenverlauf haben die Zähne des aus sieben Zahnungseinsätzen, einem Zwischenhalter und einem Haupthalter zusammengebauten Werk-

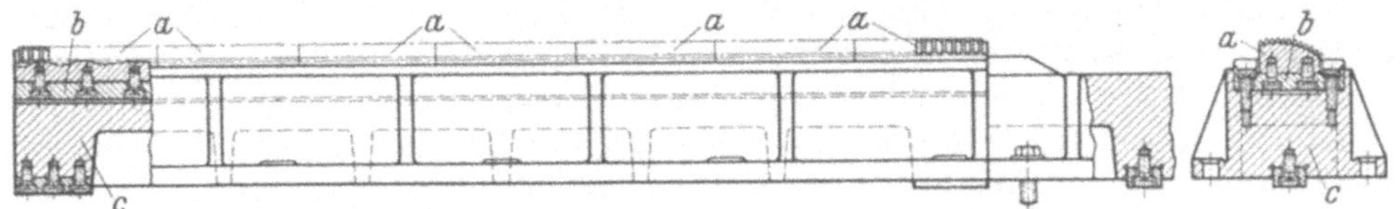

Abb. 50. Profilräumwerkzeug mit kreisförmigem Schneidenverlauf (U.S.S.R.).
a Zahnungseinsätze 1···7, *b* Zwischenhalter; *c* Hauptschneidenhalter.

zeugs der Abb. 50. Zum Schärfen werden die Zahnungseinsätze in einen besonderen Halter eingeschraubt, der auf der Werkzeugschleifmaschine zwischen Spitzen aufgenommen wird (Abb. 51).

32. Drallräumwerkzeug. In besonderen Fällen lassen sich auch stark geformte Außenprofile, die im Längsschnitt einen schraubenförmigen Verlauf haben, räumen. Die Abb. 52 zeigt eine solche Arbeitsaufgabe und ihre Lösung. Auf dem äußeren Teilumfang eines Hebelauges sind schraubenförmige Nuten, die jeweils in einem

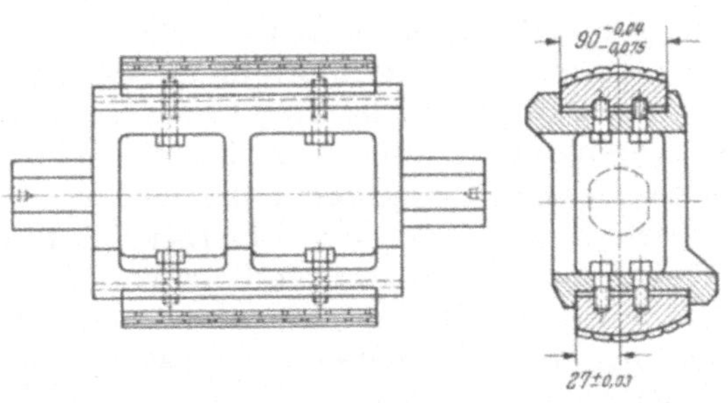

Abb. 51.
Schleif- und Schärfhalter für Zahnungseinsätze Abb. 50.

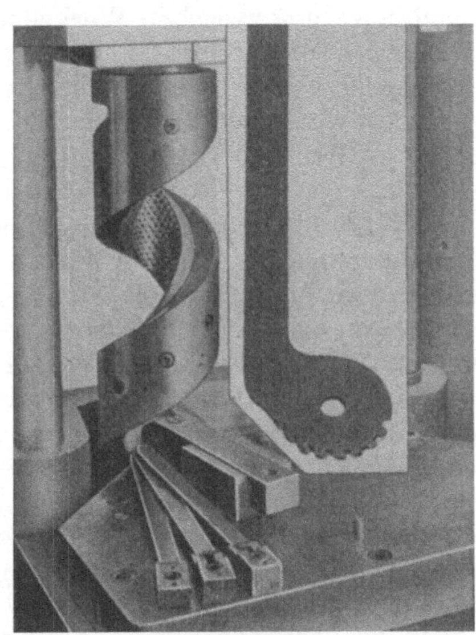

Abb. 52. Außenräumwerkzeug mit schraubenförmiger Schneidbewegung. Rechts Werkstück (Colonial).

Satz von drei Hebeln versetzt zueinander angeordnet sind, einzuarbeiten. Jeweils drei Hebel werden auf dem Tisch einer Räumpresse übereinander, jedoch mit verschiedener Winkellage der Hebelenden, aufgespannt. Das Werkzeug besteht aus einem Schneidenhalter, der oben im Stößel der Presse drehbar gelagert ist und unterhalb des Tisches an seiner Mantelfläche geführt wird, sowie einer Anzahl von Zahnungseinsätzen, die so kurz sind, daß sie sich herstellen und schärfen lassen, nachdem sie in entsprechenden Sondervorrichtungen aufgenommen sind.

III. Die Außenräumvorrichtung.

A. Die Aufgaben der Außenräumvorrichtung.

33. Festlegung des Werkstücks. Dieser Teil der Vorrichtungsaufgaben umfaßt das Bestimmen der Lage des Werkstücks, das Spannen des Werkstücks und die Abstützung unstarrer Teile. Die Lösung dieser Aufgabe ist beim Außenräumen wesentlich schwieriger als bei den meisten anderen Arbeitsverfahren. Wegen der hohen Schnittkräfte, die sowohl in Richtung der Werkzeugbewegung als auch als Abdrängkräfte das Werkstück aus seiner in der Vorrichtung eingenommenen Lage zu bringen versuchen, muß die Vorrichtung in ihrem gesamten Aufbau außergewöhnlich starr und unnachgiebig sein, damit sie diesen Kräften ohne abzufedern standhalten kann. In diese starre Vorrichtung muß das Werkstück gut und in eindeutiger Lage eingebettet und durch starke Spannkräfte unverrückbar festgehalten werden. Besonders wichtig ist diese Forderung bei Werkstücken, die an den Flächen, mit denen sie in der Vorrichtung auf- oder anliegen, noch unbearbeitet sind. Derartige Werkstücke haben wegen ihrer unebenen Oberflächen stets die Neigung, sich unter der gemeinsamen Einwirkung von Spann- und Schnittkräften aus ihrer Spannlage zu lockern. Falls Teile des Werkstücks eine schwache Wandung haben, vorspringen oder in einer anderen Weise unstarr sind, müssen sie durch besondere Steine oder Bolzen abgestützt werden, damit sie während des Arbeitens nicht zurückfedern.

34. Gleichmäßige Spanabnahme. Während bei den Arbeitsverfahren, die eine Zustellbewegung zwischen Werkzeug und Werkstück besitzen, Unregelmäßigkeiten in der Bearbeitungszugabe leicht ausgeglichen werden können, kennt das Räumen keine solche Nachstellmöglichkeit in der Maschine. Die Lage der Vorrichtung zum Werkzeug wird vielmehr beim Einrichten der Maschine für die Bearbeitung eines gegebenen Werkstücks so ausgerichtet und festgelegt, daß die Feinschlichtzahnung des Werkzeugs dem Werkstück das gewünschte Maß gibt. Da aber die Schneiden eines Räumwerkzeugs starr miteinander verbunden sind und mit der Lage der letzten Zähne auch diejenige des ersten Zahnes festliegt, muß diese erste Schneide eine größere Schnittiefe als Folge einer stärkeren Bearbeitungszugabe voll übernehmen. Dabei kann sie leicht überlastet werden und ausbrechen, denn die Schnittiefe je Zahn liegt innerhalb verhältnismäßig enger Grenzen (bei Stahl, Stahlguß und Temperguß zwischen 0,02 und 0,1 mm, bei Grauguß zwischen 0,07 bis 0,15 mm). Daher müssen Vorrichtungen, die Werkstücke an ihren unbearbeiteten Flächen aufnehmen und in ihrer Lage bestimmen, sowohl Seiten- als auch Tiefenverstellung der Lage des Werkstücks zum Werkzeug haben. Das beste konstruktive Mittel hierbei sind keilförmige Nachstelleisten, die bei einer Verstellung die achsparallele Lage von Werkzeug und Vorrichung zueinander nicht stören. Die Stützpunkte, an denen rohe Guß- oder Schmiedestücke in der Vorrichtung anliegen, sollten möglichst weit von dem in der Trennebene von Gußform oder Gesenk liegenden Grat entfernt sein, damit sich Versetzungen nicht allzu stark auf die Werkstücklage und damit auf die Schnittiefe des ersten Zahns auswirken können.

35. Schnelle Bedienbarkeit. Da beim Räumen die regelmäßige Folge von Arbeitsbewegung und Leerhub in schnellem Wechsel vor sich geht, muß eine Außenräumvorrichtung schnell zu bedienen sein. Denn während des Leerhubes muß, wenn die Maschine mit voller Leistungsfähigkeit arbeiten soll, das Werkstück nicht nur in die Vorrichtung eingelegt, in seiner Lage bestimmt, gespannt und abgestützt, sondern nach der Bearbeitung auch wieder aus der Vorrichtung entfernt und abgelegt werden. Die Zeiten, die bei einer Räumgeschwindigkeit von 8 m/min und bei einer Rücklaufgeschwindigkeit des Maschinenschlittens von 17 m/min für die Beschickung zur Verfügung stehen, sind aus Abb. 53, zu entnehmen. Unter dem Weg-Zeit-Diagramm ist hinter I die Beschickungszeit eingezeichnet, die bei einer Wechseltaktmaschine oder einer Einschlittenmaschine mit Teiltisch zur Verfügung steht, während hinter II die Zeit aufgetragen ist, in der man bei ununterbrochenem Arbeiten einer Einschlittenmaschine mit Schiebe- oder Kipptisch die Werkstücke auswechseln muß (hinsichtlich der verschiedenen Maschinenbauarten siehe Abschn. 48). Der Zeitbedarf bei verschiedenen Arten des Spannens wird in Abb. 54 miteinander verglichen. Man sieht daraus, daß die Beschickungszeit bei Wechseltaktmaschinen (s. Abb. 100) oder bei Maschinen mit Teiltisch für einige Spannmöglichkeiten knapp ausreicht, während bei Maschinen mit Schiebe- oder Kipptisch nur Druck-

luftspannung oder Spannung durch die Tischbewegung zu ausreichend kurzem Zeitverbrauch führt (s. auch Tab. 6, Abschn. 45). Da das Werkstück neben dem Einlegen und Spannen in vielen Fällen auch noch ausgerichtet und abgestützt werden muß, läßt sich die Leistungsfähigkeit des Räumens nur dann wirklich ausnutzen, wenn die Vorrichtung so gestaltet wird, daß das Ausrichten und, wo erforderlich, das Abstützen mit dem Spannen gekoppelt werden.

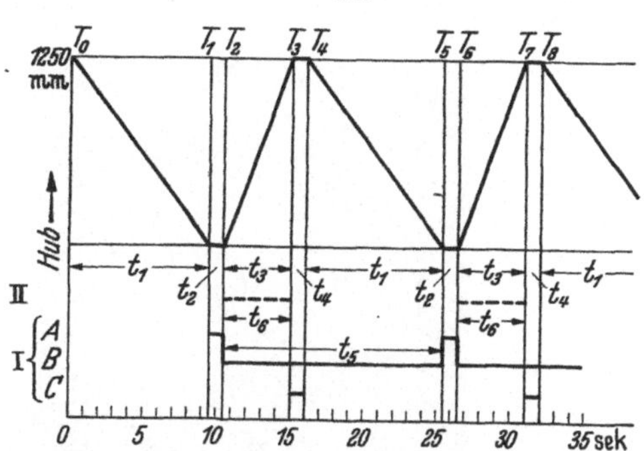

Abb. 53. Weg-Zeit-Schaubild der Schlittenbewegung einer Einschlitenräummaschine mit Eintragung der Beschickungszeiten. I Wechseltaktmaschine bzw. Maschine mit Teiltisch; II Maschine ohne Teiltisch
t_1 Arbeitshub; t_2 Schaltzeit; t_3 Leerhub; t_4 Schaltzeit; t_5 Beschickungszeit einer Wechseltaktmaschine bzw. einer Maschine mit Teiltisch (s. Abschn. 45 u. 48); t_6 Beschickungszeit einer Maschine mit Schiebe- oder Kipptisch. Schnittgeschwindigkeit 8 m/min, Rücklaufgeschwindigkeit 17 m/min.

Zur schnellen Bedienbarkeit trägt auch die Mühelosigkeit bei, mit der die Werkstücke eingelegt und entnommen und die Vorrichtungsbewegungen eingeleitet werden. Eine der Voraussetzungen hierfür ist, daß die Vorrichtung zur Beschickung in eine Lage gebracht wird, die dem Räumer unnütze und unbequeme Bewegungen erspart. Senkrechte Räummaschinen sind bereits mit Teil-, Schiebe-,

Schwenk- oder Kipptischen ausgerüstet, die die Vorrichtung nicht nur in eine bequeme Beschickungsstellung bringen, sondern das Werkstück auch nach dem Räumen aus dem Bereich des zurückkehrenden Räumwerkzeuges entfernen. Bei diesen Maschinen kann daher der Werkzeugschlitten nach dem Arbeitshub ohne Stillstand wieder nach oben gehen. In Vorrichtungen, die für waagerechte Räummaschinen oder Räumpressen bestimmt sind, muß die Werkstückaufnahme selbst verschiebbar oder schwenkbar sein, sobald ein Arbeitsteil schwierig festzulegen ist. Es gibt jedoch auch Fälle, in denen der Werkstückwechsel

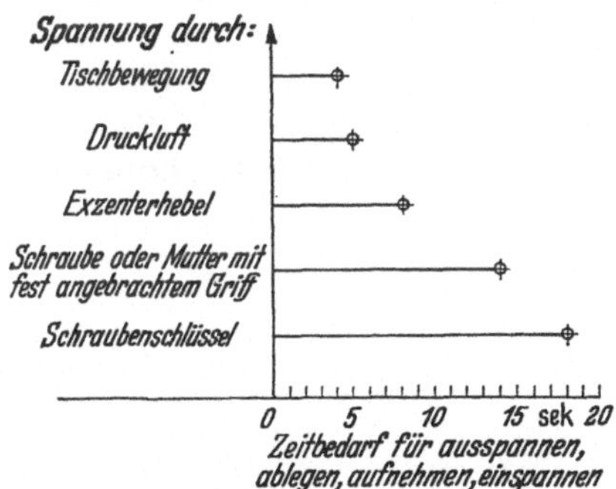

Abb. 54. Beschickungszeit bei verschiedenen Arten des Spannens.

wegen der leichten Bestimmbarkeit der Lage und wegen des Fehlens einer besonderen Spannung so wenig Zeit erfordert, daß auf besondere Bewegungen zur Verschiebung der Vorrichtung verzichtet werden kann (s. Abb. 62. u. 82).

B. Die Gestaltung der Außenräumvorrichtung.

36. Lagebestimmung des Werkstücks. Die Bestimmung der Lage eines Werkstücks zum Werkzeug ist um so leichter, je mehr bearbeitete Flächen oder Bohrungen schon vor dem Außenräumen vorhanden sind. Am günstigsten sind die Verhältnisse dann, wenn das Werkstück bereits allseitig bearbeitet ist, also an der Auflagefläche, an den Seitenflächen bzw. Umfang und an der rückwärtigen Fläche oder wenn es als Genauguß- oder -schmiedestück bereits enge Maßtoleranzen und eine hohe Oberflächengüte hat (Abb. 55). Bei Präzisionsguß-Stücken lassen sich, wenn die Teile gießtechnisch richtig konstruiert sind, Maßtoleranzen von $\pm$ 0,05 mm bis

$\pm$ 0,10 mm einhalten, weshalb sie beim Einlegen in Räumvorrichtungen in ihrer Lage zum Werkzeug ebenso leicht wie bearbeitete Werkstücke festzulegen sind. Besonders leicht lassen sich bearbeitete Bohrungen im Werkstück für die Lage-

Abb. 55. Lagebestimmung eines im Genauigkeitsgießverfahren hergestellten Werkstücks mit 90—100 kg/mm² Festigkeit (SIG). Links: Vorrichtung geöffnet, ohne Werkstück; rechts: Vorrichtung mit eingespanntem Werkstück.

bestimmung benutzen. Soweit kleine Teile auf waagerechten Räummaschinen zu bearbeiten sind, legt man sie in Aussparungen der Vorlage ein, in denen sie mit ihren bearbeiteten Flächen satt anliegen, oder man steckt sie, soweit sie bereits eine bearbeitete Bohrung haben, auf einen Dorn. Die Abb. 56 zeigt ein Beispiel. In den Umfang eines bearbeiteten Ringes sind 6 Nuten einzuräumen. Das Werkstück ist so klein, daß die es umfassenden 6 Räumwerkzeuge noch durch die Bohrung im Maschinenkopf einer waagerechten Räummaschine hindurchtreten können.

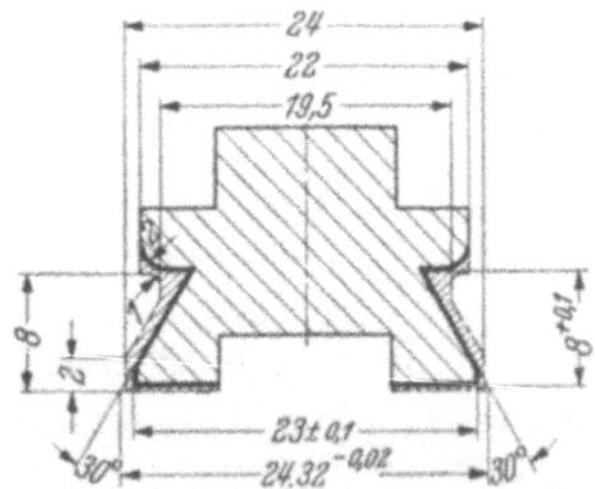

Abb. 55a. Querschnitt des Werkstücks zu Vorrichtung Abb. 55 mit Maßen und Toleranzen.

Abb. 56. Lagebestimmung eines allseitig bearbeiteten Ringes (Hoffmann).

Durch das Einlegen des Ringes in einen Korb, der von Kreissegmenten ähnlich denen, die die Werkzeuge führen, gebildet wird, ist seine Lage gegenüber den Werkzeugen eindeutig bestimmt.

Zwei nur teilweise, jedoch für eine leichte Lagebestimmung ausreichend bearbeitete Werkstücke werden in der Vorrichtung der Abb. 57 aufgenommen. Bearbeitet sind bereits die Stirnflächen des großen und kleinen Pleuelauges, die der Auflage dienen, die Bohrung des kleinen Pleuelauges, von der aus die Tiefenlage zum Werkzeug bestimmt werden kann, und zwei kleine, zur Trennfläche von Pleuel und Pleuellager senkrecht liegende Seitenflächen, die die Seitenlage festlegen. Die Schnittzeichnung Abb. 58 zeigt die Gestaltung der Vorrichtungsbauteile, die der

Lagebestimmung des Werkstücks dienen, an einer der gleichen Bearbeitungsaufgabe dienenden Vorrichtung. Der Dorn, der das kleine Pleuelauge aufnimmt, muß wegen der engen Raumverhältnisse eine von der zylindrischen abweichende Gestalt haben. Denn die Spannklaue, die das Werkstück festhalten soll, läßt nicht genügend Bewegungsraum für ein paralleles Aufschieben der bearbeitenden Kolbenbolzenbohrung auf einen zylindrischen Dorn und behindert zudem noch die Sicht. Der Dorn wird daher nur sehr kurz gemacht und dabei ballig ausgebildet, um das Einfädeln der Kolbenbolzenbohrung zu erleichtern. Er wird gehärtet, damit sein Verschleiß bei der starken Beanspruchung (etwa 150 mal wird in der Stunde ein Pleuelauge übergeschoben) in engen Grenzen bleibt, und ist mit der Stirnfläche eines Bundes gleichzeitig Auflagefläche für eine der Stirnseiten des kleinen Pleuelauges. Die Stirnseite des großen Pleuel-

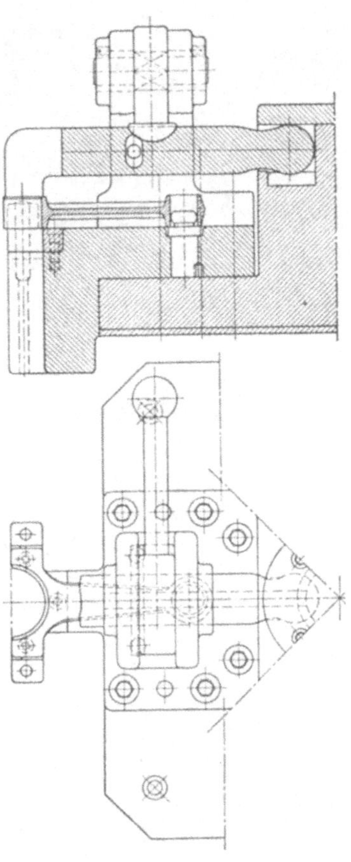

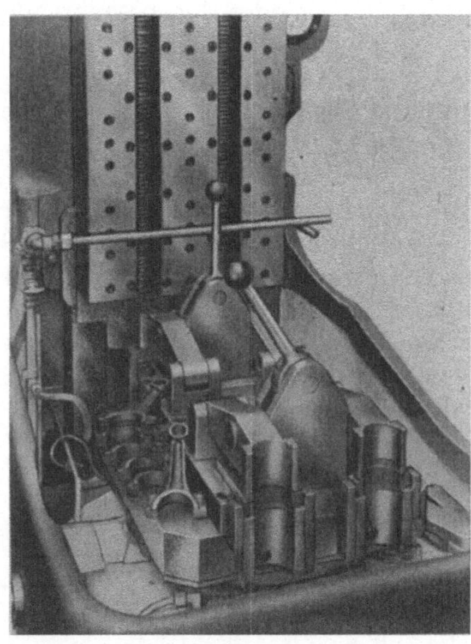

Abb. 57. Lagebestimmung zweier nur teilweise, jedoch ausreichend bearbeiteter Werkstücke (Karl Klink).

Abb. 58. Vorrichtungsbauteile zur Lagebestimmung eines Pleuels bei gleicher Räumaufgabe und gleichem Vorbearbeitungszustand wie in Abb. 57 (Forst).

auges und die anschließenden beiden Seitenflächen werden von einem gehärteten, U-förmigen Einsatzstück umschlossen.

Schwieriger wird die Lagebestimmung des Werkstücks dann, wenn es keine bearbeitete Bohrung hat und die Tiefenlage zum Werkzeug von einer vorne am Werkzeug liegenden bearbeiteten Fläche aus festgelegt werden muß (Abb. 59). Es soll eine T-Nute eingearbeitet werden, die zu einem Zahnsegment eine vorgeschriebene Lage haben muß. Das Werkstück wird mit seinem Schaft in ein Prisma eingelegt und dann durch eine Spindel in Achsrichtung mit der bearbeiteten vorderen Stirnfläche gegen eine Paßfläche der Vorrichtung gedrückt. Die Winkellage der T-Nute zum Zahnsegment wird dadurch bestimmt, daß der beim Einlegen des Werk-

Abb. 59. Lagebestimmung eines schwierig festzulegenden bearbeiteten
Werkstücks (Cincinnati).

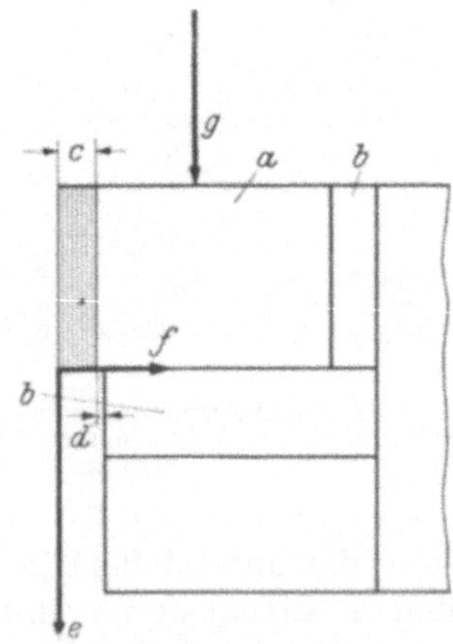

stücks in die Vorrichtung unten liegende letzte Zahn des Segments in eine entsprechende Lücke eines in der Vorrichtung fest eingebauten Gegenstückes eingeschoben wird.

Unbearbeitete Auflage-, Rücken- und Seitenflächen von Werkstücken erschweren die Lagebestimmung sowohl durch die schwankenden Maße als auch durch die unsichere Form des Umrisses am Werkstück. Wegen der unvermeidbaren Maßunterschiede geschmiedeter oder gegossener Rohteile müssen einige der Vorrichtungsbauteile, die der Lagebestimmung dienen, beweglich oder verstellbar sein. Ein Beispiel zeigt Abb. 60. Der rohe Lagerkopf wird auf der einen Seite durch ein in die Aufnahmeplatte eingearbeitetes Prisma aufgenommen, während das Gegenprisma auf der anderen Seite eine unter Federdruck stehende ausweichbare Flanke hat. Hierdurch werden kleinere Maßunterschiede aus-

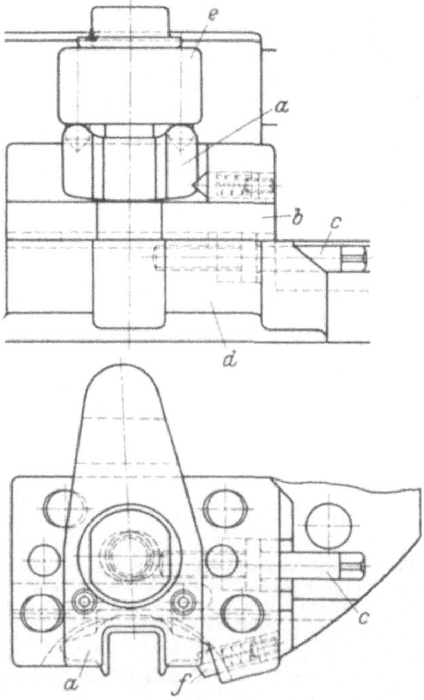

Abb. 60. Lagebestimmung eines unbearbeiteten
Werkstücks (Forst).
a Werkstück; b Aufnahmeplatte der Vorrichtung,
c Verstellspindel, d Vorrichtungskörper; e Spannpratze; f federnd gelagerte Nase.

Abb. 61. Kippmoment auf das Werkstück durch die
Schnittkräfte.
a Werkstück; b gehärtete Aufnahmeplatten der Vorrichtung; c abzuhebende Räumschicht; d Spiel zwischen Feinschlichtschneiden und Vorderfläche Vorrichtung
(Grauguß 0,25···0,38 mm, Stahl 0,75···1,00 mm),
e Hauptschnittkraft; f Abdrängkraft; g Spanndruck.

geglichen. Zur Anpassung an größere Schwankungen in den Werkstückmaßen kann außerdem noch die Aufnahmeplatte selbst durch eine Spindel verschoben werden.

37. Das Spannen. Ein beim Außenräumen nur auf der Vorderfläche bearbeitetes, unter den Schnittkräften stehendes Werkstück wird das Bestreben haben, über die Vorderkante der Auflagefläche in der Vorrichtung zu kippen (Abb. 61). Es würde in die Zahnung des Werkzeugs hineingezogen werden und dessen Schneiden zerstören. Wird es auf mehreren Seiten bearbeitet oder wird ein Profil eingeräumt, so wird das Werkstück unter den Schnittkraftunterschieden und -schwankungen in den Grenzen der Passung zwischen dem Werkstück und den

Abb. 62. Außenräumen ohne Festspannen des Werkstücks (Presse: Eitel; Werkzeug: Berghaus).

Abb. 63. Außenräumen auf waagerechter Räummaschine ohne Festspannen der Werkstücke (Maschine: Oilgear; Werkzeug u. Vorrichtung: U. S. Broach).

Aufnahmeelementen der Vorrichtung auszuweichen versuchen. Ungenaue Maße und schlechte Oberflächen würden die Folge sein, ganz abgesehen davon, daß sich Schwingungen entwickeln und einen glatten Ablauf des Räumvorgangs stören würden. Es ist daher beim Außenräumen meist erforderlich, das Werkstück nach seiner Lagebestimmung unter einen starken Spanndruck zu setzen und es damit starr mit der Vorrichtung und der Maschine zu verbinden.

Es gibt jedoch auch Fälle, in denen eine Spannung nicht notwendig ist, weil es infolge der Form des zu räumenden Profils und durch Schräglegen der Schneiden möglich ist, die Komponenten der Schnittkraft im Gleichgewicht zu halten (Abb. 62). Das Fortfallen der Nebenzeit, die das Spannen beanspruchen würde, ermöglicht bei dieser Arbeit eine hohe Mengenleistung, die 150 Schlüssel/Std. bei einer Netto-Arbeitszeit von 50 min beträgt.

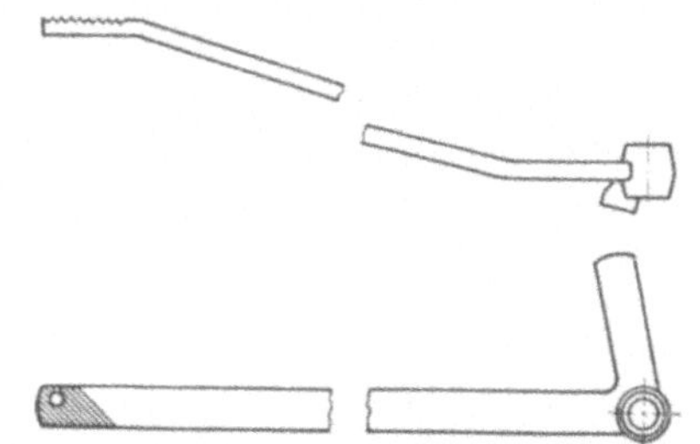

Abb. 63a. Werkstück zu Vorrichtung Abb. 63

Die Bremsen- und Kupplungsfußhebel (Abb. 63a), die auf der waagerechten Räummaschine der Abb. 63 am Ende mit einer Kerbverzahnung versehen werden, brauchen ebenfalls nicht gespannt zu werden. Sie werden mit ihren beiden Bohrungen auf Dorne gesteckt und auf Teilabschnitten ihrer Länge auf ihren Schmalseiten geführt. Durch das Ecken in den Dornen und den Führungen wird ein Kippen unter den Schnittkräften verhindert, abgesehen davon, daß das Kippmoment wegen der verhältnismäßig geringen Gesamtspanabnahme je Räumhub (1 mm) nur einen kleinen Hebelarm hat.

Die Spannelemente gehen im wesentlichen auf zwei Grundformen zurück: auf den Schraubstock (Parallelbewegung) und die Spannpratze (Kippbewegung). Mit dem Schraubstock kann gleichzeitig mit dem Spannen auch die Lage des Werkstücks bestimmt werden, wobei rohe Werkstücke von „schwimmenden“ Backen, die sich den Unregelmäßigkeiten der Oberflächen selbsttätig anpassen, gefaßt werden. Er ist jedoch als Lagebestimmer nur bei groben Maßtoleranzen oder dort anwendbar, wo durch Räumen am Werkstück die ersten maß- und formgenauen Oberflächen geschaffen werden. In den Fällen, in denen von den Räumflächen zu bereits bearbeiteten Flächen oder Bohrungen des Werkstücks enge Maßtoleranzen eingehalten werden müssen, ist die Lagebestimmung vom Spannen zu trennen: dies ist das Anwendungsgebiet der Spannpratze.

Soweit für die Beschickung genügend Zeit zur Verfügung steht, wie z. B. bei einfach festzulegenden Teilen oder bei Verwendung von Teiltischen, kann von Hand gespannt werden. Schrauben (s. Abb. 59, 87, 88, 90, 91, 95) oder Exzenter (s. Abb. 55, 57, 58, 72, 83, 85) verstärken dann die Handkraft zur Spannkraft und geben den Spannbacken ihre Bewegung. Meist wird man gezwungen sein, zur Ausnutzung der vollen Leistungsfähigkeit von Werkzeug, Vorrichtung und Maschine die selbsttätige Spannung anzuwenden. Die Spannbewegung wird dann von der Bewegung des Maschinentisches oder des Werkzeugschlittens abgeleitet, oder sie erfolgt durch Schubkolbentriebe, die unter Öldruck (s. Abb. 70 u. 96) oder Luftdruck (s. Abb. 76) stehen.

Den geringsten konstruktiven Aufwand erfordert die unmittelbare Anlenkung der Spannbewegung an die zu Beginn und am Ende des Räumhubes selbsttätig vor sich gehende Bewegung des Werkstücktisches. Die meisten senkrechten

Abb. 64a. Werkstückspannung und Bewegung der Spannbacke durch Anlenken an die Tischbewegung der Maschine (Oilgear).

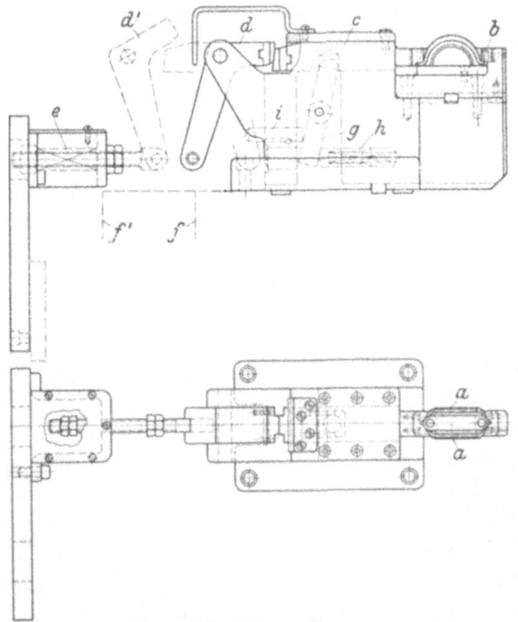

Abb. 64b. Wirkungsweise der Vorrichtungen Abb. 64a (Detroit Broach).

a zu räumende Flächen; *b* ortsfestes Aufnahmeprisma; *c* Spannbacke; *d* Spannhebel mit gehärteter Keilnase in Spannstellung; *d'* Spannhebel in Lüftstellung; *e* Federpuffer im Anschlagbock des Maschinensockels; *f* Lage der Vorrichtungsendfläche während des Räumhubes; *f'* Lage der Vorrichtungsendfläche während des Beschickens; *g* Schwenkhebel zum Verschieben der Spannbacke *c*; *h* Druckfeder; *i* Schubbolzen.

Außenräummaschinen sind mit derartigen Schiebetischen, die das Werkstück vor dem Räumvorgang selbsttätig in den Bereich des Werkzeugs bringen und es nach dem Räumen selbsttätig fortziehen, ausgerüstet. Die Abb. 64a und b zeigen ein Beispiel für diese Lösung. Das Werkstück, ein Pleuellager, soll auf den beiden Lagerstirnflächen geräumt werden. Es wird an den rohen Außenflächen der Bolzenaugen in einem Schraubstock aufgenommen, der gleichzeitig seine Lage bestimmt und es spannt. Der Spannhebel d ist an eine Zugstange angelenkt, die sich über eine Druckfeder an einem Anschlagbock des Maschinensockels abstützt. Sobald sich der Werkstücktisch zum Werkzeug (im

Abb. 65. Schwenken von Spannhebeln durch Anschläge an der ortsfesten Tischführung (Colonial).

Bilde nach rechts) hin bewegt, wird die Druckfeder e gespannt und der Spannhebel aus der Lage d' in die Lage d geschwenkt. Mit der Keilfläche am kurzen Hebelende drückt dabei der Spannhebel die bewegliche Spannbacke des Schraubstocks gegen das Werkstück. Da der Spannweg wegen der Kraftübersetzung durch den Keil nur gering sein kann, wird das Lüften und Schließen der Spannbacke durch ein besonderes Hebelgestänge (Hebel g, Druckfeder h, Bolzen i), das seine Bewegung zum Öffnen der Backe vom Spannhebel d erhält und beim Schließen unter Federdruck arbeitet, vorgenommen.

Eine gleichfalls einfache Lösung der Verbindung von Spannbewegung und Schiebetischbewegung ist das Schwenken von Spannhebeln durch Anschläge an der ortsfesten Tischführung (Abb. 65). Der Spannhebel sitzt mit einem die Spannpratze niederdrückenden Exzenter auf einer Welle und trägt, um ihm die für die Spannkraft nötige Schwungmasse zu geben, an einem Ende ein Gewicht. Das andere Ende ist als zweizinkige Gabel ausgebildet, die einmal bei der Vorwärtsbewegung des Schiebetisches (Spannen), das andere Mal bei seiner Rückwärtsbewegung vom Werkzeug (Entspannen) an einem am Maschinenständer befestigten Anschlagbolzen

Abb. 66. Spannung durch Federkraftspeicher, der beim Rückwärtsschwenken des Tisches durch ortsfeste Kurve unter Druck gesetzt wird (Cincinnati).

anstößt. Dadurch wird der Spannhebel bei jeder Schiebetischbewegung hin- und hergeworfen. Zur Begrenzung dieser Bewegung beim Entspannen ist auf dem Schiebetisch ein besonderer Stützbock, an den das Gewicht anschlägt (in der Abb. rechts), befestigt.

Bei Werkstücktischen, die bei Zwillingsräummaschinen um eine senkrechte Achse schwenken, kann die Spannbewegung mittelbar von einer auf dieser Achse sitzenden Kurve abgeleitet werden (Abb. 66). Eine unmittelbare Spannung durch die Kurve ist nicht möglich, da dann die Kraftwirkung zu starr wäre und sich die Spannpratze nicht den geringen Maßunterschieden des in die Vorrichtung eingelegten Werkstücks anpassen könnte. Die Kurve spannt daher beim Zurückschwenken neben der Lüftung der Werkstückspannung eine Druckfeder, die dann anschließend bei der Vorwärtsbewegung auf die Spannpratze wirkt und ihr eine elastische Haltekraft gibt.

Eine Verbindung des Öffnens und Schließens einer Vorrichtung durch einen Handgriff mit der selbsttätigen Spannung durch die Bewegung des Werkstücktisches zeigen die in Abb. 67 dargestellten, auf dem Schwenktisch einer Zwillingsräummaschine befestigten Räumvorrichtungen. Beim Beschicken des Werkstücks wird der als Spannpratze wirkende Vorrichtungsdeckel vom Räumer ganz aufgeklappt. Das geräumte Werkstück kann dann vom Räumer bequem herausgenommen und ein neues Teil eingelegt werden, ohne daß die Sicht behindert wird. Anschließend daran braucht der Vorrichtungsdeckel lediglich zugeklappt zu werden. Das Spannen übernimmt dann die Maschine, die beim Schwenken des Tisches zum Werkzeug hin die keilförmig ausgebildete vordere Nase des Vorrichtungsdeckels unter eine Druckrolle schiebt, die unter starkem Federdruck steht. Beim Auflaufen der Rolle auf die Schräge der Nase wird das Werkstück gespannt.

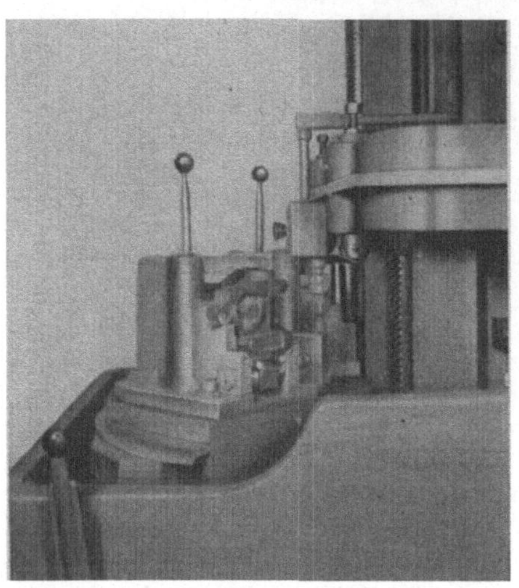

Abb. 67. Werkstückspannung durch gefederte Druckrolle, die in einer am Ständer der Maschine befestigten Brücke gelagert ist (Cincinnati).

Die Arbeitsweise einer vom Werkzeugschlitten abgeleiteten selbsttätigen Spannung zeigt die Abb. 68 in einer Prinzipskizze. Die Spannbacke der Vorrichtung steht über einen Übersetzungshebel unter Federdruck, der nur an den beiden Hubenden durch eine Nase vom Schlitten aus gelüftet wird. Dieser Teil der Vorrichtung befindet sich in einer am Maschinenständer befestigten Brücke, während der das Werkstück aufnehmende untere Teil der Vorrichtung auf den Werkstücktisch aufgespannt ist. Beim Zurückziehen des Tisches am unteren Wendepunkt des Maschinenschlittens ist die Spannbacke durch den von der Nase verschobenen Stössel angehoben

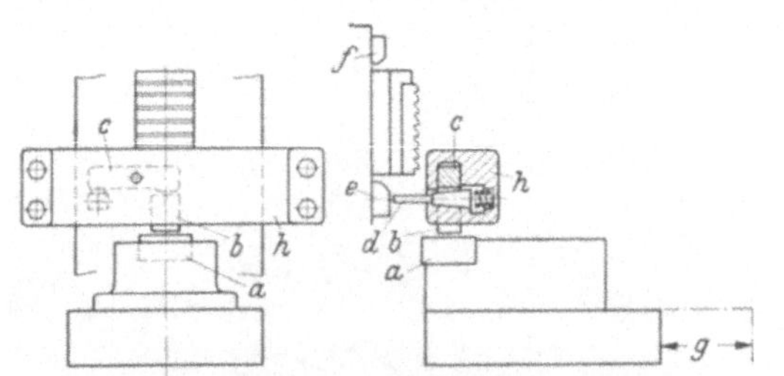

Abb. 68. Spannung durch Federkraftspeicher, der vom Werkzeugschlitten aus aufgeladen wird.

a Werkstück; *b* Spannbacke; *c* Spannhebel; *d* Stößel; *e* untere Keilnase am Werkzeugschlitten; *f* obere Keilnase am Werkzeugschlitten; *g* Hub des Werkstücktisches zwischen Arbeits- und Beschickungslage; *h* am Maschinenständer befestigte Brücke.

und das Werkstück aus der Spannung freigegeben. Der Tisch bewegt sich selbsttätig in die gestrichelt gezeichnete Stellung, in der das geräumte Werkstück freiliegt und aus der Vorrichtung herausgenommen werden kann. Inzwischen kehrt der Werkzeugschlitten nach oben in seine Ausgangsstellung zurück. Während dieses Zeitraumes wird die Feder im Spanngestänge zwar wieder freigegeben, doch kann sie die Spannbacke nur um einige mm über die Spannstellung hinaus bewegen, weil die Drehung des Spannhebels begrenzt ist. Am oberen Wendepunkt des Werkzeugschlittens zieht die zweite Nase die Spannbacke über den Stößel und

den Spannhebel wieder zurück, der Werkstücktisch kehrt mit einem neuen inzwischen eingelegten Werkstück in die Arbeitslage zurück und das Werkstück wird, sobald die Hubbewegung des Werkzeugs nach unten eingesetzt hat und die Nase den Stößel wieder freigibt, gespannt (s. auch Abb. 97).

38. Das Abstützen gegenüber den Schnittdrücken. Die großen Schnittkräfte, die beim Räumen auftreten, erfordern bei solchen Werkstücken, die so dünnwandig sind, daß sie unter der Einwirkung der Hauptschnittkraft oder der Abdrängkraft zurückweichen würden, eine besondere Abstützung. Bei bearbeiteten Teilen können starre, im Vorrichtungskörper unbeweglich angeordnete Stützbolzen oder -steine diese Aufgabe übernehmen, während sich bei rohen Teilen, die abzustützen sind, die Stützelemente den Maßschwankungen anpassen müssen.

Abb. 69. Abstützen eines dünnwandigen Drehkörpers (Colonial).

Die besonders starr gebaute Vorrichtung der Abb. 69 nimmt einen Drehkörper auf, in dessen dünnwandigen Rand zwei hintereinander liegende Nuten eingeräumt werden. Es werden sehr enge Maßtoleranzen verlangt. Um das Werkstück einerseits leicht einlegen zu können, andererseits sicher abzustützen, hat man die Vorrichtung in zwei Teilen gebaut. Der erste Teil, der der Lagebestimmung und der Beschickung dient, ist auf dem Schiebetisch der Maschine befestigt. Um die Werkstücke bequem einlegen und herausnehmen zu können, befinden sich die Aufnahmedorne in einem Schwenkkörper, der beim Zurückziehen des Werkstücktisches selbsttätig nach oben kippt. In dieser Lage werden die Drehkörper auf die Dorne aufgeschoben und durch zwei gefederte Haken an ihrem Bund festgehalten. Der andere Teil der Vorrichtung ist auf dem den Schiebetisch führenden Rahmen aufgebaut und am Maschinenständer noch besonders abgestützt. Er hat die Aufgabe, die beiden Werkzeuge zu führen und die Werkstücke in ihrer Bohrung abzustützen. Bei der Verschiebung des Werkstücktisches in die Arbeitslage gleitet ein auf der Welle des Schwenkkörpers sitzender Rollenhebel in einer am feststehenden zweiten Vorrichtungsteil angebrachten Kulisse und kippt den Schwenkkörper um etwa 90° zum Werkzeug hin in eine waagerechte Lage. Der Öldruck des Tisches ist gleichzeitig Spanndruck, der die Werkstücke auf die beiden Nippel schiebt und sie zwischen Schiebetisch und Werkzeugführung einspannt.

In der Vorrichtung der Abb. 70, die in Seitenansicht dargestellt ist, werden Pleuel für Flugzeugmotore sowohl an den Stirnflächen der Pleuelaugen als auch an der

Breitseite des zwischen ihnen liegenden Schaftes geräumt. Die Vorrichtung besteht aus zwei solchen Spannstellen, wie sie in der Abb. gezeigt sind. Mit ihren Auflageflächen, ihren rückwärtigen Wandungen und ihren Spannpratzen nehmen sie die beiden Pleuelaugen sicher auf. Der Schaft dagegen, dessen Querschnitt im Umriß des Pleuelauges gestrichelt gezeichnet ist, muß besonders abgestützt werden, wenn er nicht unter den Schnittkräften ausweichen und sich durchbiegen soll. Die Rückdrängkraft wird von einem breiten Querhaupt aufgenommen, das pendelnd in einem kräftigen Stößel gelagert ist, um sich der rückwärtigen Breitfläche des Pleuelschaftes eng anlegen zu können. Der Stößel wird durch eine Druckfeder in die Vor-

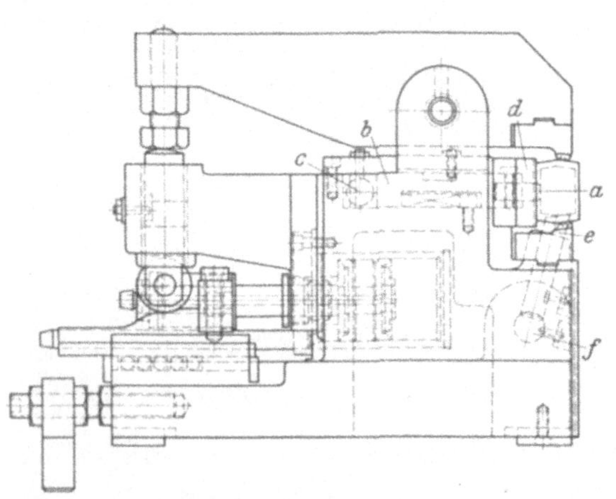

Abb. 70. Abstützen eines Werkstücks (Pleuel) von unten und von rückwärts (Colonial).

a pendelnd gelagerte Spannbrücke zum Abstützen des Pleuelschaftes von hinten; *b* unter Federdruck stehender Spannstößel; *c* Stoßstange mit Keilfläche; *d* rückwärtige gehärtete Anlagefläche für Pleuelkopf; *e* Stößel zum Abstützen des Pleuelschaftes von unten; *f* Stoßstange mit Keilfläche.

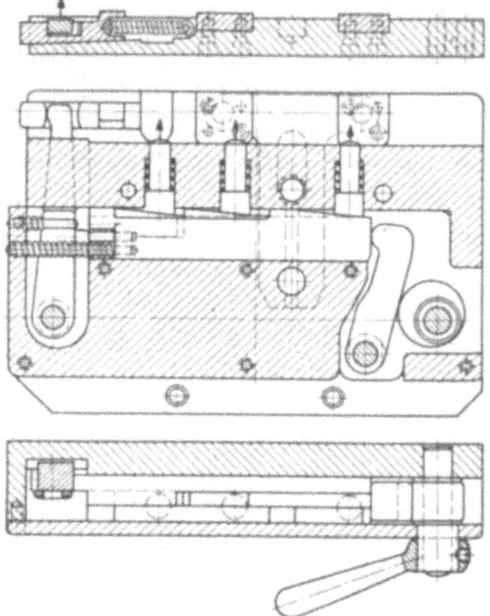

Abb. 71. Abstützen eines (nicht eingezeichneten) Werkstücks an 4 Stellen durch Bewegung eines einzigen Handgriffes (Forst).

richtung hinein und damit vom Pleuelschaft ab geschoben. Er legt sich am hinteren Ende an den keilförmig ausgebildeten Teilabschnitt einer vom Räumer vonhand verschobenen Stoßstange. Vor dem Spannen des Werkstücks an den beiden Pleuelaugen ist das Querhaupt, das den Schaft nach hinten abstützen soll, durch die Kraft der Feder zurückgezogen. Nach dem Spannen verschiebt der Räumer die Stoßstange und bewegt über deren Keilfläche den Stößel mit dem Querhaupt gegen die Federkraft soweit, daß sich das Querhaupt eng an die Rückseite des Schaftes anlegt. In ähnlicher Weise wird der Schaft von unten her unterstützt. Bei diesem Stützstößel ist eine Feder nicht nötig, da er unter seinem Eigengewicht dem Keil der unten liegenden Stoßstange beim Zurückziehen folgt.

Bei sperrigen Werkstücken kann die notwendig werdende Abstützung federnder Teilabschnitte zu einer Anhäufung von Bedienungsgriffen und damit zu einer Verlangsamung der Beschickung führen. In diesem Falle werden die einzelnen Abstützbewegungen zweckmäßig gekoppelt (Abb. 71). Das nicht eingezeichnete Werkstück wird an drei Stellen durch Bolzen und an einer vierten Stelle durch einen Keil abgestützt. Die Bolzen und der Keil werden durch die Drehung eines vonhand bewegten Exzenters über einen Hebel und drei Bewegungskeile gemeinsam gelüftet. Nachdem ein noch unbearbeitetes Werkstück in die Vorrichtung eingelegt und gespannt worden ist, legen sich die Bolzen und der Unterstützungskeil nach einer halben

Drehung des Exzenters gleichzeitig an die noch rohen und daher in ihren Maßen unterschiedlichen Abstützstellen des Werkstücks an. In der eingenommenen Lage stützen sie das Werkstück gegenüber den Schnittkräften sicher ab, da die Keile selbsthemmend sind.

39. Die Mechanisierung von Vorrichtungsbewegungen. Der einfachste Weg, an Beschickungszeit zu sparen, ist die mechanische Zusammenfassung des gleichen Vorgangs an zwei Werkstücken, z. B. des Spannens, in einer Handbewegung (Abb. 72). Zwei Pleuel sollen auf den beiden Schmalseiten des großen Pleuelauges eine halbrunde Form erhalten. Sie werden an den beiden Arbeitsstellen mit den Bohrungen der Verbindungsbolzen in senkrechter Lage auf Bolzen gesteckt und durch die Spannpratzen, die sich an die kleinen Pleuelaugen

Abb. 72. Bewegung zweier Spannpratzen durch Schwenken eines Handhebels (Continental Tool).

anlegen, gleichzeitig gegen die rückwärtigen Stützplatten gespannt. Der mit einem Schwunggewicht beschwerte Handhebel dreht ein Exzenter, das einen auf der gemeinsamen Welle der beiden Spannpratzen sitzenden Zwischenhebel hebt und damit die Spannpratzen schwenkt. Die Druckstücke, die sich dabei gegen die kleinen Pleuelaugen legen, sind federnd gelagert, um Maßunterschiede zwischen den beiden Pleuelaugen auszugleichen.

Werden in einer Vorrichtung mehrere Werkstücke aufgenommen, die zudem noch abgestützt werden müssen, so wird die Zeit, die der Werkzeugschlitten der Maschine für den Leerhub braucht, nicht ausreichen, um die notwendigen Beschickungsgriffe einzeln nacheinander auszuführen. Sollen die Nebenzeiten die Mengenleistung der Maschine nicht stark herabsetzen, so muß der Räumer von allen Bewegungen außer

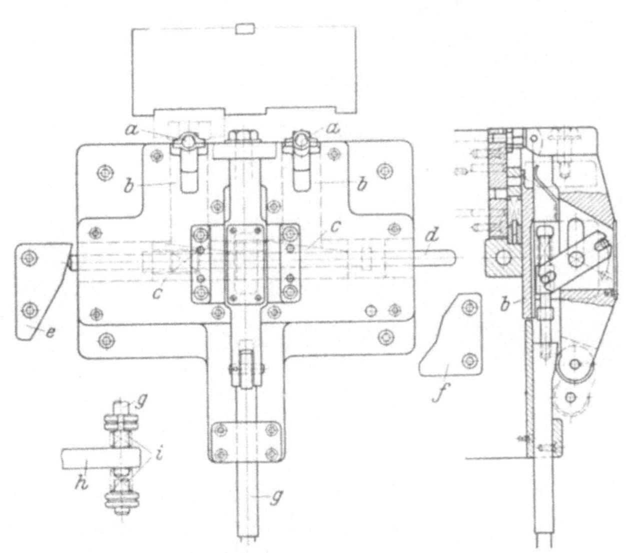

Abb. 73. Spannen und Abstützen zweier Werkstücke durch die Bewegung des Werkstücktisches (Colonial).

a Werkstücke; b Stützschieber; c Keilstücke; d Stoßstange für Keilstücke; e Kurve für Stützbewegung; f Kurve für Lüftbewegung; g Zugstange, am Stützbock des Tischsockels angelenkt; h Stützbock am Tischsockel; i Druckfedern.

dem Herausnehmen der fertiggeräumten Werkstücke und dem Einlegen neuer Teile entlastet werden. Der konstruktive Weg hierzu ist, neben der Ableitung der Spannbewegung von der Werkstücktischbewegung auch das Abstützen mit der Tisch bewegung zu verbinden. In der Vorrichtung der Abb. 73 werden zwei vorgebohrte jedoch an ihrem Umfang noch rohe Schmiedestücke durch je einen Paßstift in ihrer Achsenlage bestimmt. Damit ist jedoch die Winkelstellung der beiden Flügel zur Achse noch nicht festgelegt. Diese Aufgabe übernehmen zwei Stützschieber, die während der Zustellung des Schiebetisches in die Arbeitsstellung sich von hinten gegen die Flügel legen. Sie erhalten ihre Bewegung über eine Stoßstange und zwei Keilflächen. Je nach der Lage des Werkstücktisches wird diese Stoßstange entweder durch ein links am Maschinenständer befestigtes Kurvenstück nach rechts verschoben und die Stützschieber dabei gegen die Werkstücke gedrückt oder durch eine rechts von der Vorrichtung angeordneten Kurve nach links geschoben. Die Stützschieber wandern unter Federdruck den abfallenden Keilen nach und geben dabei die Werkstücke frei. Die hinten am Tischsockel federnd angelenkte Spannpratze wirkt über eine pendelnde Brücke und zwei an ihren Enden „schwimmend" gelagerte Spannbacken gleichzeitig auf die beiden Werkstücke. Außer einer über einen Zugkeil erfolgenden Spannbewegung erhält sie durch einen ebenfalls angelenkten

Abb. 74. Schalten eines Werkstückfutters während des Arbeitshubes des Werkzeugschlittens (Cincinnati).

Abb. 75. Schalten von 4 Werkstückfuttern durch die Tischbewegung der Maschine (Oilgear), Spannen durch Preßluft.

Doppelhebel eine Verschiebebewegung, die die Werkstücke nach oben hin freilegt, so daß sie leicht ausgewechselt werden können.

Die Mechanisierung von Vorrichtungsbewegungen entlastet nicht nur den Räumer, sondern gibt auch die Möglichkeit, Vorrichtungsaufgaben zu lösen, die der Handbewegung unzugänglich sind. So wird der im Spannfutter der Vorrichtung in Abb. 74 eingespannte Bolzen in einem einzigen Räumhub mit einem Vierkant versehen. Nachdem im ersten Teil des Hubes zwei Flächen angeräumt worden sind, wird das Futter, während der Werkzeugschlitten mit einer Schnittgeschwindigkeit von 13,4 m/min weiter nach unten geht, auf einem 100 mm langen zahnungsfreien Abschnitt des Werkzeugs durch einen Preßluft-Schubkolbentrieb um 90° gedreht. Damit kommen die Enden des beim ersten Teil des Hubes stehengebliebenen Steges in den Bereich der oberen Zahnung und lassen am Ende des Hubes einen Vierkant stehen. Da die Schlittenbewegung nicht unterbrochen wird, muß sehr schnell geschaltet werden. Nur eine mechanische Bewegungsauslösung, die im vorliegenden Fall durch das Eingreifen eines am Werkzeugschlitten befestigten Anschlagstiftes in die Verzahnung eines Drehschieber-Schaltrades erfolgt, gibt die Gewähr für den

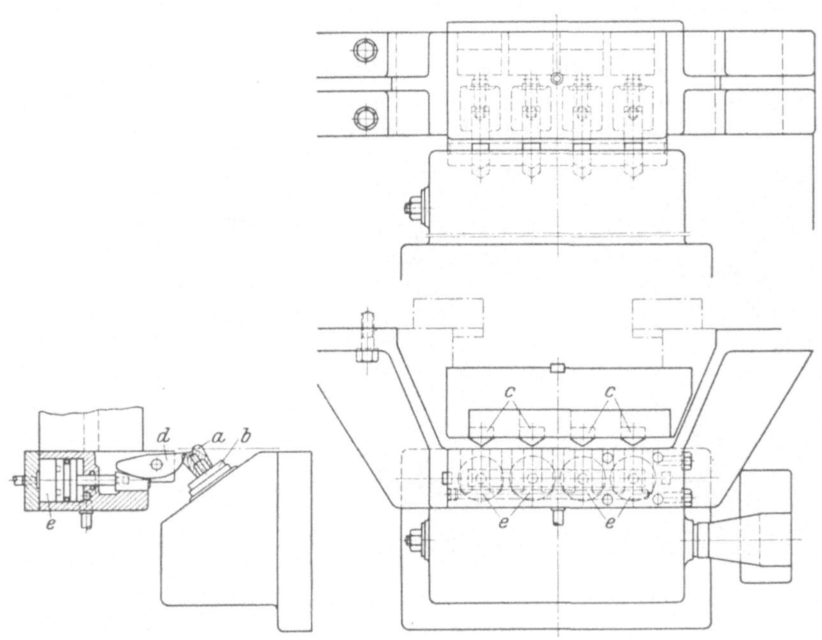

Abb. 76. Aufbau der Vorrichtung Abb. 75 (Detroit Broach)
a Werkstück; b Werkstückfutter; c Zahnungseinsätze des Werkzeugs; d Spannpratze; e Preßluftzylinder.

richtigen Augenblick und die genügende Schnelligkeit der Schwenkbewegung des Futters (0,7 sek). Da auch die Futter der Doppelvorrichtung, die auf den Schwenktisch einer Zwillingsräummaschine aufgebaut ist, durch Preßluft gespannt werden,

braucht der Räumer lediglich die Werkstücke nach jedem Hub einmal links, das andere Mal rechts auszuwechseln. Die Mengenleistung ist dementsprechend hoch:578Stck/Std.

Die Vierfachvorrichtung der Abb. 75 und 76 vereinigt das mechanische Schalten durch die Tischbewegung mit der Preßluftspannung. Es werden in vier aufeinanderfolgenden Hüben vier Gesteinsbohrerkronen geschärft (Abb. 77). Der Räumer steckt 4 Bohrkronen auf die Aufnahmedorne und

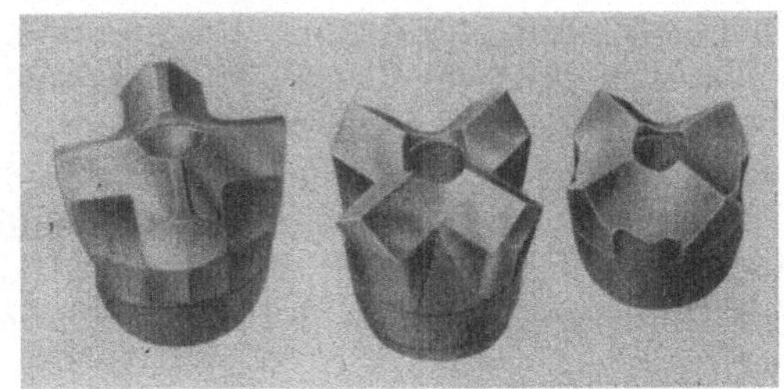

Abb. 77. Werkstücke zur Vorrichtung Abb. 75 und 76.
Links: rohe Bohrkrone. Mitte: Bohrkrone nach der ersten Schärfung. Rechts: Bohrkrone, nach starkem Verschleiß geschärft.

stellt dann entsprechend dem Verschleiß des Bohrkronensatzes durch das Handrad die Vorrichtung auf das Werkzeug zu. Sowohl die Spann- als auch die Schaltbewegungen gehen dann selbsttätig vor sich. Die Abb. 77 zeigt links eine rohe Bohrkrone, in der Mitte eine vom rohen Zustand aus geschärfte und rechts eine stark verschlissene Krone nach dem Schärfvorgang.

Die Preßluftzylinder, deren Zu- und Ableitungen bei der Bewegung des Schiebetisches, der den Aufnahmeteil der Vorrichtung trägt, selbsttätig geschlossen oder geöffnet werden, sind mit ihren Spannpratzen in eine am Maschinenständer befestigte Brücke eingebaut. Die Schaltbewegung der vier Aufnahmedorne ist über Sperrad und Kurbel an einen neben dem Schiebetisch feststehenden Lagerbock angelenkt. Diese weitgehende Mechanisierung der Vorrichtung führt zu der hohen Leistung von 275 geschärften Bohrkronen/Std.

Vorrichtungsbauteile zur Aufnahme von Werkstücken können durch mechanische Kopplung mit der Maschine nicht nur in Teilbewegungen geschaltet, sondern auch fortlaufend gedreht werden. Man kommt damit zum Kopierräumen. In der Vorrichtung der Abbildung 78 wird die äußere Kurvenfläche einer Turbinenschaufel (Abb. 78a) bearbeitet. Die Drehbewegung der Werkstückaufnahme wird von zwei am Werkzeugschlitten rechts und links angebrachten Kurvenschienen über Stößel, Zahnstangen und Ritzel abgeleitet.

Abb. 78. Kopierräumvorrichtung zur Drehung des Werkstücks während des Räumens (Detroit Broach).

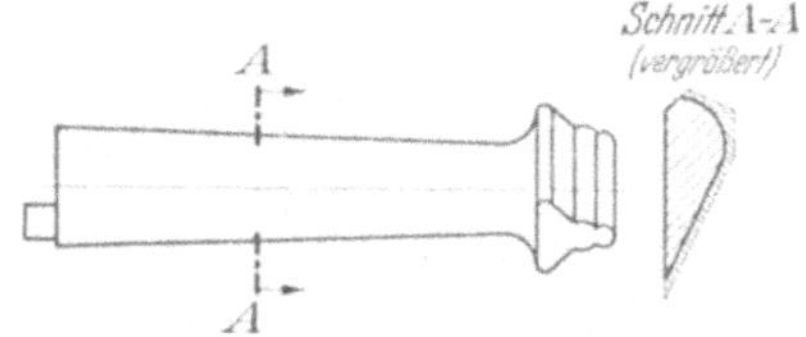

Abb. 78a. Werkstück zur Vorrichtung Abb. 78.

Bei der in Abb. 79 gezeigten, auf dem feststehenden Tisch einer Universalräummaschine (s. Abschn. 48) aufgebauten Vorrichtung wird ein die Beschickung verzögerndes Herausnehmen der geräumten Polschuhe dadurch vermieden, daß man den Werkzeugschlitten die Werkstücke selbst nach dem Arbeitsvorgang aus ihrer Aufnahme mechanisch herausheben und auf die Oberseite der Vorrichtung kippen läßt. Vor dem Räumen werden die Polschuhe von oben in die taschenförmigen Aufnahmen eingeschoben und durch den rechts an der Vorrichtung angebrachten Hebel gespannt. Nach dem Räumhub, also in der unteren Stellung des Werkzeugschlittens, lüftet die am Werkzeugschlitten oben rechts angebaute Knagge die Spannung. Beim Hochgehen des Schlittens greifen dann die über den beiden Zahnungen angebrachten Finger unter die beiden Werkstücke und heben sie nach oben.

Teiltische von Vorrichtungen beschleunigen die Werkstückbeschickung durch die besondere Zugänglichkeit der Werkstückaufnahmen (Abb. 80). An 5 gestanzten Polstücken aus Nickelstahl werden gleichzeitig die Abrundungen an der Endkante und die inneren Seiten des abgewinkelten Auges geräumt. Die Werkstücke werden während des Hochgehens des Werkzeugschlittens von der Seite her in ihre Aufnahmen eingeschoben und nach dem Lüften des Feststellhebels der Schalttisch im Uhrzeigersinne herumgeschwenkt. Sobald er die richtige, um 180° gedrehte Lage erreicht hat, leitet ein elektrischer Endschalter das Vorwärtsschieben des Werkstücktisches in die Arbeitslage und die Abwärtsbewegung des Werkzeugschlittens ein. Die von den Zahnungen auf die Werkstücke nach links wirkenden Abdrängkräfte werden von einer Stützschiene, an die sich die Werkstücke in der vorderen Arbeitslage des Schiebetisches anlegen, aufgenommen. Das Auswerfen erfolgt selbsttätig durch 5 Nasen, die in der Höhe der einzelnen Werkstückaufnahmen angebracht sind und beim Schwenken des Teilstückes die fertigen Polstücke an ihren Augen festhalten. Sie werden dabei aus ihren Aufnahmen herausgeschoben und fallen in den rechts angebrachten Drahtkorb. Infolge des Fortfalls einer besonderen Spannbewegung sowie der Zeitersparnisse durch das bequeme Einlegen der Werkstücke in Verbindung mit dem selbsttätigen Auswerfen können stündlich 1200 Polstücke geräumt werden.

Die Beispiele einer vollen Mechanisierung des Außenräumens, die zum Räumautomaten führt, sind noch verhältnismäßig selten (eine voll selbsttätige Sonderräummaschine zeigt Abb. 125). Die Lagebestimmung der meisten Werkstücke, bei denen das Räumen technisch und wirtschaftlich das am besten geeignete Bearbeitungsverfahren ist, verlangt die Aufmerksamkeit eines Räumers. Jedoch kann man bei einfach geformten Werkstücken, die auch genügend klein sind, der Automatisierung sehr nahe kommen (Abb. 81). Die aus einer Sonderlegierung aus Nickel und Stahl hergestellten Kernstifte werden an ihren beiden Enden mit einer Abstandstoleranz

Abb. 79. Herausheben von Werkstücken aus der Vorrichtung durch den Werkzeugschlitten einer Universalräummaschine (American Broach).

Abb. 80. Selbsttätiges Auswerfen von 5 im Drehtisch der Vorrichtung (Continental Tool) aufgenommenen Werkstücken (Oilgear).

Abb. 81. Zuführung von Werkstücken aus dem Magazin bei gleichzeitigem Ausstoßen der fertiggeräumten Teile (Maschine: Oilgear; Werkzeug u. Vorrichtung: Continental Tool).

von 0,01 mm feingeschlichtet. Die zu räumenden Werkstücke werden vom Räumer in eine Fallrinne eingefüllt. An ihrem unteren waagerechten Ende werden unter der Wirkung des Gewichtes der oben nachgefüllten Stifte jeweils 5 Werkstücke in Bereitschaft liegen. In der rückwärtigen Ladestellung des Schiebetisches der Maschine, bei der auch die Spannung der am Maschinenständer angelenkten Spannbacken gelüftet ist, sind daher jeweils 5 ungeräumte Stifte neben den noch zwischen den gelüfteten Backen der Werkstückaufnahme liegenden bereits geräumten Stiften aufgereiht. In diesem Augenblick schwenkt der Räumer den rechts an der Vorrichtung angebrachten Handhebel nach rechts und schiebt damit die unbearbeiteten Stifte in die Aufnahme. Sie drücken bei dieser Bewegung die fertigen Teile aus der Aufnahme heraus auf ein pendelnd gelagertes Tischchen, das bei Ladestellung des Schiebetisches waagerecht liegt, jedoch bei dessen Vorwärtsbewegung in die Arbeitslage seine vordere Unterstützung verliert, sich etwas schräg stellt und dabei die fertiggeräumten Kernstifte über die Ablaufrinne in den vor der Maschine stehenden Sammelbehälter rollen läßt. Der Räumer hat also nur die Einlaufrinne gefüllt zu halten und während des Rückgangs des Werkzeugschlittens bei zurückgezogener Schiebetisch-Lage durch Schwenken des Handhebels den Lader zu bewegen. Infolgedessen können mit dieser Räumeinrichtung in der Stunde 2500 Kernstifte feingeschlichtet werden.

C. Beispiele von Außenräumvorrichtungen.

40. Vorrichtungen für Räumpressen. Vorrichtungen, die in Räumpressen arbeiten, müssen neben den durch das gegebene Werkstück gestellten Aufgaben das Außenräumwerkzeug in gehärteten Laufbahnen führen und abstützen. Daher kann im Gegensatz zu Außenräummaschinen mit Werkzeugschlitten der Pressentisch nicht verschiebbar sein. Will man die Mengenleistung von Schlittenmaschinen erreichen, so muß die Vorrichtung selbst mit einem Schiebetisch ausgerüstet sein (s. Abb. 38).

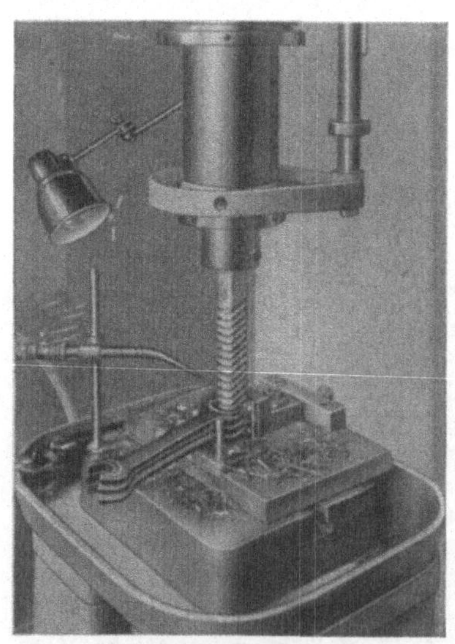

Abb. 82. Vorrichtung ohne Werkstückspannung für Räumpresse (Presse: Eitel; Werkzeug: Berghaus).

Da diese Erhöhung der Vorrichtungskosten nur dort tragbar ist, wo sehr große Werkstückmengen bearbeitet werden müssen, geht das Bestreben dahin, die Beschickungsbewegungen so stark wie irgend möglich zu verringern, um dadurch an Nebenzeit zu sparen. Denn eine Räumpresse muß zum Herausnehmen der fertigen Werkstücke aus ihrer Aufnahme in der Vorrichtung am unteren Wendepunkt des Hubes und zum Einlegen noch ungeräumter Werkstücke am oberen Wendepunkt des Hubes stillgesetzt werden. Eine Räumpressen-Vorrichtung wird daher meist einfach gestaltet sein (Abb. 82). Auf das Festlegen der drei übereinander eingelegten Schraubenschlüssel in der Vorrichtung durch eine besondere Spannung konnte verzichtet werden, weil durch Neigen der seitlichen Schneiden des Werkzeugs eine nach hinten gerichtete Kraftkomponente auf die Werkstücke wirkt, die zusammen mit der Reibung zwischen den Werkstücken und ihrer Auflage die nach vorne wirkende Abdrängkraft der vorderen Zähne aufhebt. Die Vorrichtung kann so schnell beschickt werden, daß bei einer Schnittgeschwindigkeit von 4 m/min 6 Hübe/min möglich sind, wodurch in einer Netto-Arbeitszeit von 50 min 900 Schlüsselmäuler fertiggeräumt werden.

Auch die Vorrichtung der Abb. 83 hat zur Festlegung der Zangenhälften keine eigentlichen Spannpratzen, sondern lediglich zwei Exzenter, die die Werkstücke gegen ihre Aufnahmestifte drücken, dadurch auf einer Seite die Luft zwischen den vorgebohrten Löchern und den Stiften beseitigen und den Zangenhälften, die auf ihrer Unterseite unbearbeitet und uneben sind, eine zur Räumbewegung eindeutige Lage geben. Die auf die Greifflanken wirkenden Abdrängkräfte werden durch pen-

delnd gelagerte, verstellbare Backen aufgenommen. Die Lage der Greifflanken zur Zahnung des Werkzeugs ist durch zwei Anschläge, an die sich die Griffschenkel anlegen, begrenzt. Die Beschickung dieser Vorrichtung, in der das Werkzeug sowohl vorne als auch hinten in einem gehärteten Stein geführt wird, erfordert verhältnismäßig lange Zeit, während der die Presse stillgesetzt werden muß. Die Mengenleistung beträgt daher nur 120 Zangenhälften-Paare/min.

In Räumpressen können indessen auch schwierig festzulegende und sperrige Werkstücke bearbeitet werden (Abb. 84). Das aus Grauguß

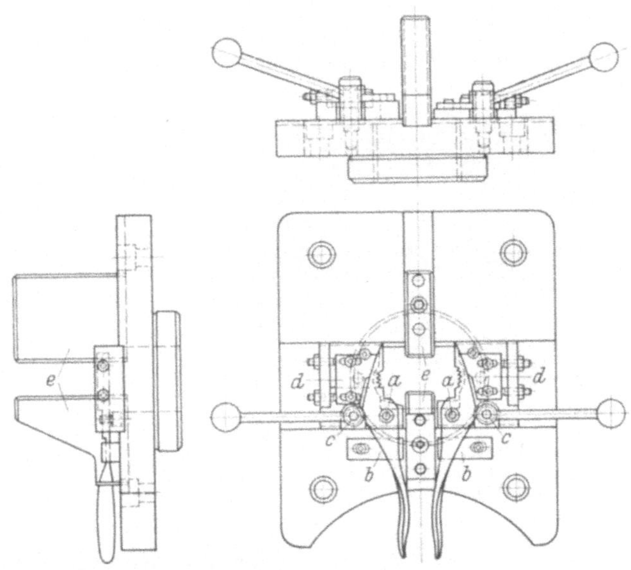

Abb. 83. Vorrichtung mit Spannexzenter für Räumpresse (Lapointe). *a* Aufnahmestifte; *b* Anschläge; *c* Spannexzenter; *d* Abstützbacken; *e* Werkzeugführungen.

bestehende Auslaß-Sammelstück eines Kraftfahrzeugmotors wird an der mit einem Pfeil bezeichneten Fläche (siehe Skizze) geräumt. Wegen der Sperrigkeit des Werkstücks und der großen Schnittkräfte mußte die Vorrichtung, die sowohl wegen ihrer Höhe als auch ihrer Breitenausdehnung auf dem Werkstücktisch einer normalen Räumpresse keinen Platz gefunden und auch den ausnutzbaren Hub einer solchen Presse stark verkürzt hätte, unmittelbar an den tischlosen Pressenständer angebaut werden. Das Werkstück wird mit den vier Stirnflächen der Auspuffstutzen auf den ebenen Aufnahmetisch der Vorrichtung aufgesetzt und dann bei Drehung des rechts liegenden Handrades von den Backen eines Hebelgestänges in den Winkeln zwischen den beiden äußeren Flanschen und der Rohrwandung des Sammelstücks zangenartig gefaßt und nach der Mitte zu ausgerichtet. Gleichzeitig mit dieser Bewegung werden die Endflanschen auf den Tisch

Abb. 84. Schwierig festzulegendes, dünnwandiges Werkstück in der Vorrichtung (Detroit Broach) einer Räumpresse (Oilgear).

aufgepreßt. Da damit das Werkstück gegenüber den Schnittdrücken „hohl" liegen würde, muß es sowohl von unten als auch von hinten her auf der Länge des Räumabschnittes abgestützt werden. Die diese Aufgabe übernehmenden Stützschieber werden beim Schwenken des links angebrachten Handhebels über ein Hebel- und Keilgestänge zugestellt und verriegelt. Mit dieser Räumeinrichtung werden in der Stunde 125 Sammelstücke geräumt.

41. Vorrichtungen für waagerechte Räummaschinen. Außenräumvorrichtungen für waagerechte Räummaschinen müssen eine oder, beim Mehrfachräumen,

Abb. 85. Vorrichtung zum gleichzeitigen Räumen von Visiernute und Kornnute an einem Pistolenverschlußstück mit gespanntem bereits geräumtem Werkstück. Auf der Vorrichtung: ungeräumtes Teil (SIG).

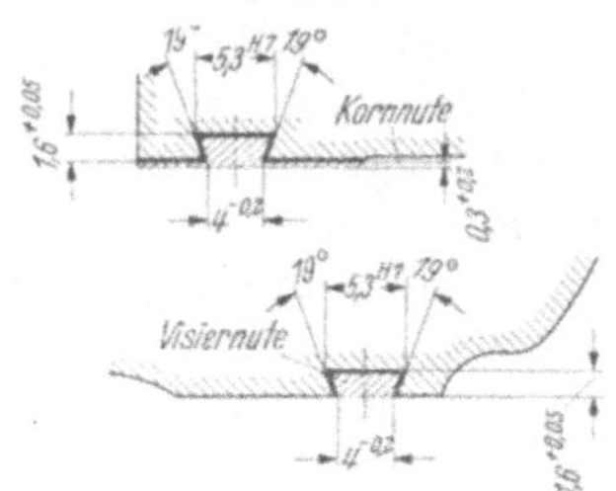

Abb. 85a. Querschnitte des Werkstücks zu Vorrichtung Abb. 85 an den beiden Stellen der Spanabnahme mit Maßen und Toleranzen.

mehrere Führungen für das oder die Räumwerkzeuge haben (Abb. 85). Die Werkstückaufnahme kann zum Werkstück zustellbar oder einschwenkbar sein und erlaubt dann ein Beschicken während des Werkzeugrücklaufs, wodurch die Mengenleistung erhöht wird (s. Abb. 39). Bei kleinen und mittleren Reihen von Werkstücken wird man zur Einsparung von Vorrichtungskosten auf eine solche Einrichtung verzichten und sich mit einer geringeren Mengenleistung zufrieden geben (Abb. 86). Die dargestellte Vorrichtung ist verhältnismäßig billig, doch gibt sie den eingeräumten Nuten bei engen Maßtoleranzen eine unbedingte Parallelität zur Bohrung und ist auch leicht zu bedienen (eine andere Lösung für eine ähnliche Aufgabe zeigt Abb. 56). Nach jedem Räumhub nimmt der Räumer vom 3. Aufnahmedorn ein fertiges Werkstück ab, schiebt die halbfertigen Werkstücke von den

Abb. 86. Einfache Vorrichtung zum Folgeräumen dreier Nuten in den Umfang eines Ringkörpers (Apex Broach.)

Dornen 1 und 2 auf den jeweils nächsten Dorn und schiebt auf den 1. Dorn ein neues Werkstück. Die winkelrichtige Lage der einzelnen Nuten zueinander wird den Werkstücken auf den Dornen 2 und 3 durch Nasen gegeben, die in die bereits eingeräumten Nuten eingreifen. Damit die Dorne unter der Abdrängkraft nicht ausweichen, werden von oben drei auf einer gemeinsamen Welle sitzende Stützdorne eingeschwenkt, die sich mit ihrer gewölbten Stirnseite an Abflachungen der Aufnahmedorne anlegen. In der Stunde werden 80 Werkstücke geräumt.

Gut gebaute Außenräumvorrichtungen geben die Möglichkeit, auf waagerechten Räummaschinen auch solche Werkstücke zu räumen, deren Aufnahme auf dem Tisch einer Senkrecht-Außenräum-maschine wegen ihres Gewichtes oder wegen ihrer Sperrigkeit Schwierig-keiten bereiten würde (Abb. 87). Die Wangen einer schweren Kurbelwelle sollen an ihrer Wurzel angeflacht wer-den. Zur Aufnahme des Werkstücks wird eine Führungsbrücke am Kopf einer waagerechten Räummaschine angebaut und an ihren Enden durch Ständer unterstützt. In dieser Brücke läßt sich durch ein Handrad, dessen Ritzel in einer Zahnstange kämmt, ein Schlitten verschieben, der die Auf-nahmeprismen für die Hauptlager-stellen der Kurbelwelle trägt. Eine oben an der Brücke unmittelbar über der Werkzeugführung gelagerte Schraubenspindel drückt durch ein Gegenprisma auf die Pleuellagerstelle, deren Wangen bearbeitet werden sol-len. Nach entsprechender Verschie-bung des Schlittens und teilweiser Drehung der Kurbelwelle um 180° lassen sich alle Arbeitsstellen an den Wangen über die beiden Räumwerk-zeuge bringen.

Auch die Form eines Werkstückes kann das Außenräumen in einer waage-rechten Maschine nahelegen. So läßt sich das in Abb. 88 dargestellte Schreib-maschinenteil, dessen beide nach innen hin hohle Schmalseiten in Längsrich-tung mit einer profilierten Führung versehen werden sollen, am besten in waagerechter Lage in einer Vorrich-tung aufnehmen. Zur Lagebestimmung werden zunächst zwei Bohrungen einer Seitenwange auf waagerechte Paß-stifte an der hinteren inneren Stirnseite der Vorrichtung aufgeschoben. Dann wird der über das links vorne sichtbare

Abb. 87. Vorrichtung für ein schweres, sperriges Werkstück (Forst).

Abb. 88. Vorrichtung für ein schwierig festzulegendes Schreibmaschinenteil (Lapointe).

Sternrad festschraubbare Schieber, der auf seiner senkrechten Stirnseite ebenfalls zwei Paßstifte trägt, an die zweite Wange des Werkstücks herangerückt und die Paßstifte werden in zwei von ihren Bohrungen eingesetzt. Nach dem Anziehen der Spannschraube des Schiebers ist die Werkstücklage bestimmt. Um es gegenüber den Schnittkräften starr und unverrückbar festzulegen, muß es noch auf der unteren

Seite abgestützt und von oben gespannt werden. Die erste Aufgabe übernehmen vier Stützbolzen, die sich durch das Schwenken des Handhebels von unten gegen das Werkstück legen und durch Keile verriegelt werden, und sechs Nasen, die paarweise einen Schwalbenschwanz bilden und sich, ebenfalls beim Schwenken des Hebels, nach den beiden Seiten hin von innen her gegen die Schmalseiten des Werkstücks legen, um sie gegenüber den Abdrängkräften abzustützen. Daraufhin wird eine Spannbrücke von oben her abwärts gekurbelt und auf diese Weise das sehr dünnwandige Schreibmaschinenteil unnachgiebig und sicher festgespannt.

Eine stark mechanisierte Hochleistungsvorrichtung für eine waagerechte Räummaschine zeigt Abb. 89. Die Kosten für eine solche Vorrichtung sind naturgemäß sehr hoch und nur bei großen Stückzahlen der zu räumenden Werkstücke wirtschaftlich tragbar.

42. Sparvorrichtungen für senkrechte Räummaschinen. Wenn Werk-

Abb. 89. Vorrichtung zum Räumen von je 78 Schwalbenschwanznuten in Turbinenrädern. Zustellung, Abrücken und Teilen selbsttätig. Bearbeitungszeit je Rad: 15 min. (Detroit Broach)

Abb. 90. Vorrichtung zum stufenweisen Einräumen von Geradverzahnungen in Wellen oder Büchsen verschiedenen Durchmessers und verschiedener Länge (Footburt).

Abb. 91. Vorrichtung mit auswechselbaren Werkstückaufnahmen (Cincinnati).

stücke in kleinen oder mittleren Reihen in beschränkter Stückzahl zu räumen sind, so geht das Bestreben der Vorrichtungsgestaltung dahin, den Betriebsmittelaufwand so niedrig wie möglich zu halten. Die Vorrichtung wird dann so gebaut, daß sie verschiedenartige Werkstücke, die eine ähnliche Bearbeitung durch Räumen erfahren, aufnehmen kann (Abb. 90). In den beiden Prismen des seitlich verschiebbaren Spanntisches können Wellen, Rohre oder Büchsen verschiedenen Durchmessers, die in ihrer Längsrichtung mit einer Verzahnung versehen werden sollen, aufgenommen und festgelegt werden. Um auch an Werkzeugkosten zu sparen, räumt das

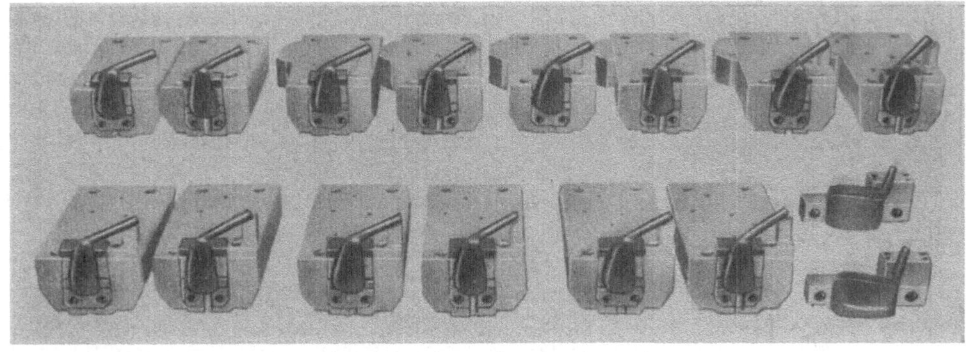

Abb. 92. Werkstückaufnahmen zu Vorrichtung Abb. 91.

verhältnismäßig billige Werkzeug mit jedem Arbeitshub jeweils nur eine Zahnlücke aus. Dann wird der Spanntisch um eine Zahnlücke einer auswechselbaren Mutterzahnstange verschoben und durch Spannen des Handhebels festgesetzt. Durch Auswechseln des Werkzeugs lassen sich verschiedene Zahnprofile und durch Auswechseln der Zahnstange verschiedene Zahnteilungen einarbeiten. Mit dem vorne angebrachten Handrad wird die Vorrichtung entsprechend dem Werkstückdurchmesser zum Werkzeug hin verstellt.

Eine andere Lösung für die mehrfache Verwendbarkeit einer Vorrichtung zeigt Abb. 91. Die für das Räumen von Golfschlägerköpfen bestimmte Vorrichtung besteht aus einer Grundplatte, die auch die Spannhebel und -pratzen trägt, und auswechselbaren Werkstückaufnahmen. Insgesamt müssen 14 verschiedene Werkstückaufnahmen in die Vorrichtung eingesetzt werden können, wenn alle Schlägerköpfe mit ihren unterschiedlichen Abwinkelungen zum Schaft ihre richtige Lage zum Werkzeug, das ihre Vorderfläche bearbeitet, erhalten sollen (Abb. 92) Die untere Seite der Schlägerköpfe wird von dem zweiten Schlitten der

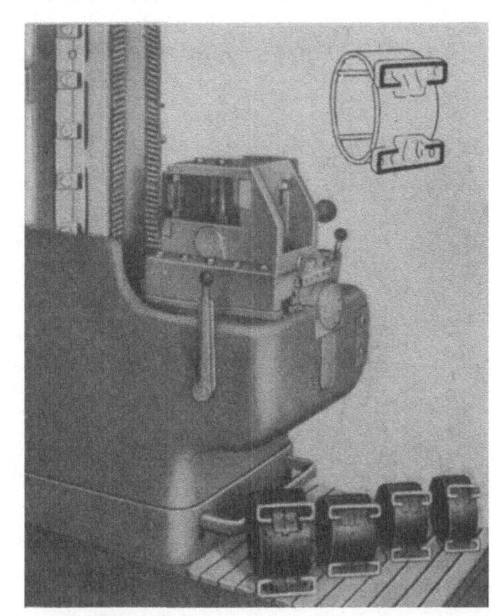

Abb. 93. Vorrichtung zum Räumen verschiedener Größen von Elektromotoren-Gehäusen (Cincinnati).

Zwillingsräummaschine aufgespannten Profilräumwerkzeug bearbeitet. Die Einsätze der betreffenden Vorrichtung sind auf der Abb. 92 in der ersten Reihe rechts zu sehen. Die Lage der Werkstücke zum Werkzeug ist durch eine Gewindespindel verstellbar.

Vielfach genügt es auch, wenn eine Vorrichtung den verschiedenen Größen des gleichen Werkstücks angepaßt werden kann (Abb. 93 und 94), um auf eine die Vorrichtungskosten tragende wirtschaftliche Mindeststückzahl zu kommen. Es werden die Grundflächen an den Füßen von Motorengehäusen geräumt. Die Vorrichtung ist so gestaltet, daß sie auf die verschiedenen Gehäusegrößen durch Höhenverstellung des oberen Querhauptes einstellbar und durch Auswechseln der Stützbrücke, deren Stützbacken sich von hinten gegen die Fußrahmen legen, anpaßbar ist (Abb. 94). Gespannt werden die Werkstücke durch die Drucknase eines Klemm- und Freilaufgetriebes, das durch einen Spannhebel angezogen wird. Dabei greift die Drucknase in das Gehäuse hinein,

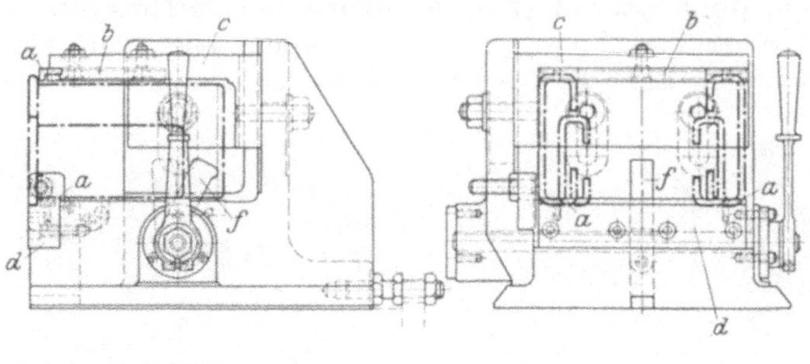

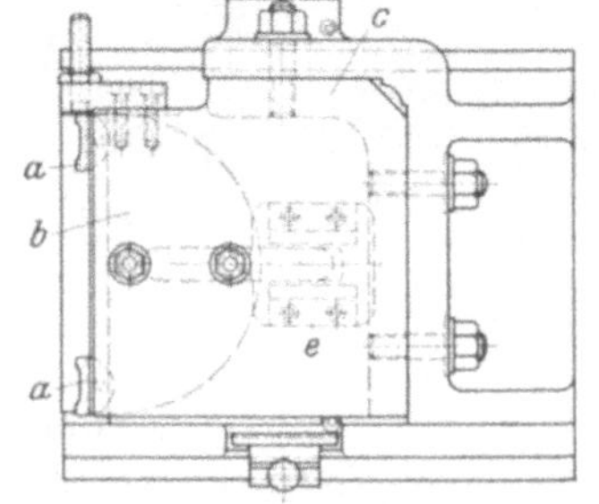

Abb. 94. Aufbau der Vorrichtung Abb. 93.
a Stützbacken; b Stützbrücke; c Querhaupt, in der Höhe einstellbar; d vordere Auflageleiste und Stützbrücke; e hintere Auflageleisten; f Spannase.

legt sich von innen gegen die Gehäusewandung und zieht bei der Spannbewegung das Gehäuse gegen die Stützbrücke, deren Stützbacken pendelnd gelagert sind und sich so den Ungenauigkeiten des Gußstücks anpassen können. In der Stunde werden 130 Gußstücke geräumt.

43. Hochleistungsvorrichtungen für senkrechte Räummaschinen. Bei Hochleistungsvorrichtungen braucht nicht an den Herstellungskosten gespart zu werden, da sie für die Großreihen- und Massenfertigung bestimmt sind und der bei ihrem Bau notwendige Arbeitsaufwand für Konstruktion und Werkstatt durch eine hohe Werkstückzahl lohnend wird. Das Streben bei der Gestaltung derartiger hochentwickelter Vorrichtungen geht dahin, zu einer so geringen Beschickungszeit zu kommen, daß der Werkstückwechsel mit Sicherheit in die Rücklaufzeit des Werkzeugschlittens fällt, ohne den Räumer zu überanstrengen (s. Abschn. 45, Tab. 6). Eine solche Vorrichtung muß also nicht nur schnell, sondern auch leicht zu bedienen sein, denn nur dann wird eine hohe Mengenleistung auch stetig zu erreichen sein.

Teiltische, die sich im Takt der Werkzeugschlittenbewegung beim Rückgang des Maschinentisches um jeweils 90° oder

Abb. 95. Schnellbeschickungsvorrichtung für Einschlittenmaschine mit Teiltisch (Forst).

180° drehen, lassen dem Räumer für die Beschickung eine längere Zeit als Schiebe-
oder Kipptische (s. Abschn. 45). Er kann daher, soweit es sich um bearbeitete
Werkstücke handelt, die leicht in ihrer Lage zu bestimmen sind und nicht abgestützt
zu werden brauchen, neben dem Herausnehmen fertig geräumter Teile und dem
Einlegen von noch ungeräumten Werkstücken das Entspannen und das Spannen
durch Handbewegungen vornehmen (Abb. 95). Die Vorrichtung der Abb. 95 nimmt
an jeder Arbeitsstelle vier Federteller auf, die in einem Arbeitshub auf der Stirnseite
genutet werden. Ihre Lage wird durch Einlegen der Werkstückflanschen in
Ausdrehungen der an der Stirnseite der Vorrichtung eingesetzten gehärteten Am-

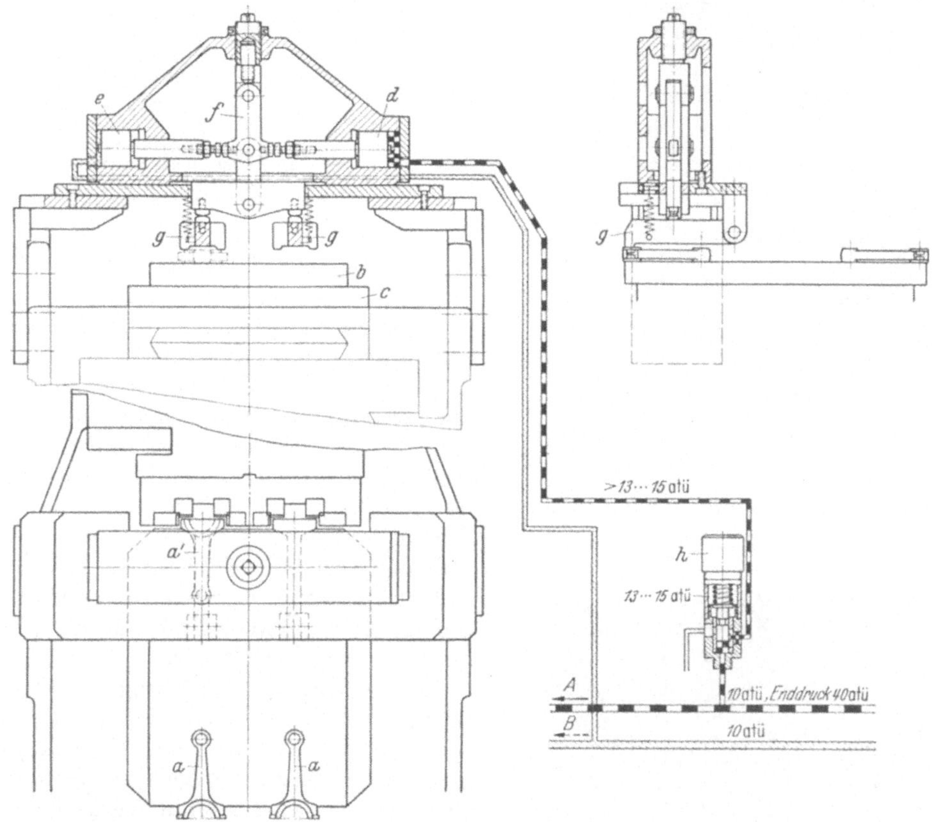

Abb. 96. **Hydraulische Vorrichtung mit selbsttätiger Spannung und Entspannung im Takt der Schiebetischbewegung** (KARL KLINK).
a Werkstücke in Beschickungsstellung; *a'* Werkstück in Arbeitsstellung; *b* Vorrichtungstisch; *c* 2 fach-Teiltisch der
Außenräummaschine (Arbeitsweise s. Abb. 103); *d* Spannkolben; *e* Entspannkolben; *f* Kniehebelgestänge; *g* Spannpratzen; *h* Bewegungsfolge-Schieber; *A* Drucköleitung für das Anrücken des Werkstücktisches zum Werkzeug;
B Drucköleitung zum Abrücken des Werkstücktisches.

bosse bestimmt, wobei jeweils ein in die Vorrichtung zurückziehbarer Stift das Hin-
durchfallen der Teller zwischen Amboß und Spannhaken verhindert. Gespannt
werden die Werkstücke durch das Anziehen einer waagerecht liegenden Schraubenspindel, die über eine pendelnd gelagerte Zwischenbrücke und zwei ebenfalls pendelnd gelagerte Spannbrücken die 8 Spannhaken (für jedes Werkstück jeweils 2) in
die Vorrichtung hineinzieht. Nach dem Entspannen der geräumten Teller werden
durch Hochziehen des vor dem Spannhebel angebrachten Knopfes die vier oben
erwähnten Hilfsstifte zurückgezogen und gleichzeitig vier Auswerfstifte, die von

hinten gegen die Federteller drücken, nach vorne gestoßen. Dadurch fallen die vier Werkstücke zusammen aus ihren Aufnahmen in der Vorrichtung heraus nach unten. Die Bewegungen des Räumers sind demnach die folgenden: Entspannen durch

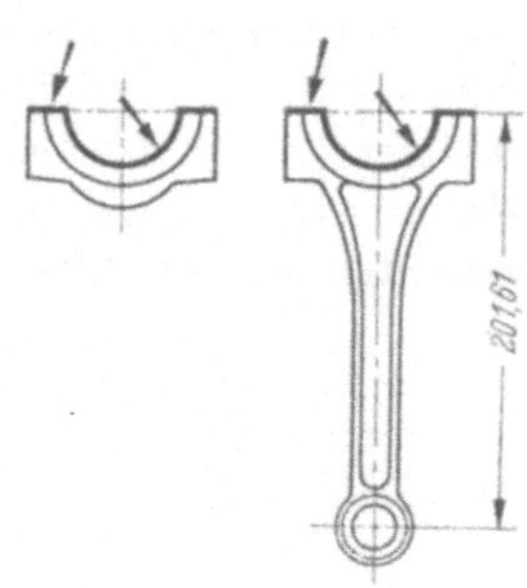

Abb. 97a. Werkstücke zu den Vorrichtungen der Abb. 97 mit Angabe der geräumten Flächen (durch Pfeile gekennzeichnet).

Abb. 97. Schnellbeschickungsvorrichtung (Detroit Broach) für Doppelschlittenmaschine (Oilgear).

Linksschwenken des Spannhebels, Ziehen des Auswerfknopfes, Einlegen von 4 Federtellern, Spannen durch Rechtsschwenken des Spannhebels.

Da es bei Teiltischen schwierig ist, das Spannen der Werkstücke an die Bewegung des darunter liegenden Schiebetisches anzulenken, sind hydraulische Schubkolbentriebe die gegebene Lösung für die selbsttätige Spannung der Werkstücke (Abb. 96). Wichtig ist hierbei die Selbsthemmung in gespanntem Zustande, die im vorliegenden Falle durch Kniehebelwirkung erzielt wird.

In der Doppelvorrichtung der Abb. 97 braucht der Räumer lediglich die geräumten Werkstücke, Pleuel und Pleuelkappe, gegen neue Teile auszuwechseln. Gespannt und entspannt werden die Werkstücke in der in Abschn. 37, Abb. 68, beschriebenen Art. Um ein Verrutschen der Werkstücke zu verhindern, werden sie durch seitlich angreifende, gefederte Klammern nach hinten gegen die Mutternsitze der Verbindungsschrauben von Pleuel und Pleuelkappe gedrückt. Beim Pleuel ist die Lage des Werkstücks zum Werkzeug noch zusätzlich durch zwei Dorne, die sich in die beiden Winkel zwischen dem kleinen Pleuelauge und dem Schaft legen, festgelegt. Bei zu-

Abb. 98. Schnellbeschickungsvorrichtung für Doppelschlittenmaschine mit Kipptischen (Lapointe).

rückgezogenem Werkstücktisch (linke Vorrichtung) liegen die Werkstückaufnahmen genügend frei, so daß sie leicht zugänglich sind. Die Räumzugabe (Abb. 97a) beträgt an den Trennflächen von Pleuel und Pleuelkappe jeweils 0,65 mm, in der

Lagerrundung (s. Skizze) 4 mm. In der Stunde werden 220 Pleuel und 220 Pleuel-kappen bearbeitet.

Für Werkstücke, die zur Bestimmung ihrer Lage von vorne in die Vorrichtung eingelegt werden müssen, weil ihre Form eine andere Art der Aufnahme nicht zuläßt, erleichtert ein Kippen der Vorrichtungen in die Beschickungslage die Arbeit des Räumers (Abb. 98). Die dargestellte Zwillingsräummaschine ist bereits mit selbsttätigen Kipptischen ausgestattet, die die Vorrichtungen in eine Stellung bringen, bei der die Vorderfläche in einem Winkel von 45° geneigt ist. Bearbeitet werden die Füße von Turbinenschaufeln. Zur Aufnahme werden die Schaufeln in ihrer Form angepaßte Taschen eingeschoben. Der Schwalbenschwanz ist in den Fuß bereits eingeräumt. Der im Bild gezeigte zweite Räumvorgang soll die beiden Stirnflächen des Fußes in genauem Abstand voneinander anschrägen. Die Hauptschnittkraft wird von einer Stützleiste der Vorrichtungsaufnahme, an die sich die eine Flanke des Schwalben-schwanzes der Schaufel anlegt, aufgenommen. Die Backe der Spannpratze legt sich dann unter hydraulischem Druck gegen die andere Flanke. Auch bei dieser Vorrich-tung hat der Räumer lediglich die Werkstücke nach jedem Räumhub auszutauschen und kann ohne Mühe auf eine stündliche Mengenleistung von 450 Turbinenschaufeln kommen.

IV. Die Außenräummaschine.

A. Aufbau.

44. Gemeinsame Konstruktionsmerkmale. Unter Außenräummaschinen sollen alle Maschinen verstanden werden, auf denen Werkstücke von außen durch Räumen bearbeitet werden können. Es gehören demnach die Räumpressen und die waage-rechten Räummaschinen mit zu dieser Werkzeugmaschinengruppe, gibt es doch Werkstücke, die sich gerade auf diesen Universalräummaschinen besonders günstig außenräumen lassen (s. Abschn. 40 und 41). Da das Anwendungsgebiet der Außen-räumtechnik in den letzten 15 Jahren eine außerordentliche Ausdehnung erfahren hat und heute in fast allen metallbearbeitenden Industriegruppen, wie z. B. im Kraftfahrzeugbau, in der Autoteilefertigung, im Büromaschinenbau, im Näh-maschinenbau, im Motorenbau, in der Fernmeldeindustrie, in der Werkzeug-fertigung, in der Waffenindustrie, im Landmaschinenbau, im Getriebebau und in der Elektromotorenfertigung, außengeräumt wird, hat die Außenräummaschine vielerlei Bauformen bekommen, die sich den jeweiligen Arbeitsanforderungen angepaßt haben (Abb. 99). Es gibt heute Maschinen mit bewegtem Werkzeug, solche mit feststehendem Werkzeug, mit einem oder zwei Werkzeugschlitten, mit senkrechter oder waagerechter Werkzeugbewegung, mit taktweiser oder fortlaufen-der Bewegung, Maschinen, in denen erst vorgefräst wird und schließlich noch Räum-automaten (s. Abb. 125). Bei aller Vielfalt der Bauformen sind jedoch eine Reihe von Konstruktionsmerkmalen allen Außenräummaschinen gemeinsam.

Außenräummaschinen müssen zunächst starr und schwer gebaut sein (ihr Gewicht ist in den letzten 12 Jahren um etwa 25% gestiegen), damit sie den hohen Schnittkräften ohne Nachgeben widerstehen können und unter den Schnitt-kraftschwankungen nicht zu schwingen beginnen. Zur Starrheit der Räum-maschine trägt das Fehlen einer besonderen Vorschubbewegung wesentlich bei. Damit ist ein zweites gemeinsames Merkmal von Außenräummaschinen gegeben: zwischen dem Werkzeug und dem Werkstück gibt es während des Arbeitens nur eine Bewegung, u. zw. die Hauptschnittbewegung, die die zueinander versetzten Schnei-den des Werkzeugs am Werkstück nacheinander zum Eingriff bringt. Ein drittes gemeinsames Merkmal hat seine Ursache in der Notwendigkeit, den Stellen, an denen das Werkzeug Späne abhebt, reichlich Schneidflüssigkeit zuzuführen. Das Räumen ist in der Reihe der Bearbeitungsverfahren der schwierigste Spanbildungsvorgang, und gute Arbeitsergebnisse bei tragbarem Werkzeugverschleiß können nur bei Unter-

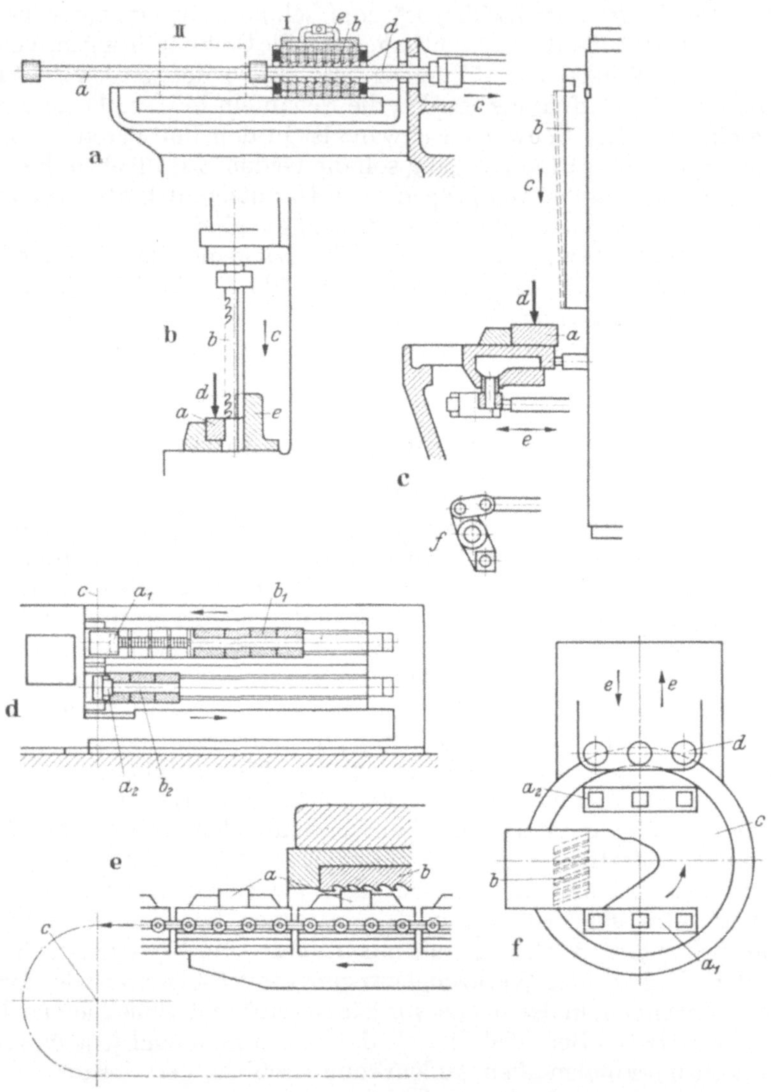

Abb. 99. Einige Bauformen von Außenräummaschinen (s. Abschn. 48···50).

a) Außenräumen auf *waagerechter* Räummaschine mit Umfangsräumwerkzeug (s. auch Abb. 41). *a* Werkstück (Drehstabfeder); *b* Werkzeug; ortsfest während des Räumhubes, verschiebbar zwischen den Hüben; *c* Schneidrichtung; *d* Zugstangen-Zwischenstück; *e* Zuführungsrohr für Schneidflüssigkeit.

b) Außenräumen auf *Räumpresse*. *a* Werkstück; *b* Werkzeug; *c* Schneidrichtung; *d* Spannkraft; *e* Werkzeugführung.

c) *Einschlittenmaschine*. *a* Werkstück; *b* Werkzeugschlitten mit Werkzeug; *c* Schneidrichtung; *d* Spannkraft; *e* Bewegungen des Werkstücktisches; *f* Grundriß des Hebelgestänges zur Werkstücktisch-Verschiebung.

d) *Doppelschlittenmaschine, waagerechte* Bauart. a_1, a_2 Werkstücke; b_1, b_2 Werkzeugschlitten mit Werkzeugen; *c* Kippachse der Werkstücktische.

e) *Kettenräummaschine*. *a* Werkstücke; *b* Werkzeug, ortsfest; *c* Achse des Kettentriebrades.

f) *Kombinierte Fräs/Räummaschine* mit Rundtisch. a_1 Werkstück in Beschickungsstellung; a_2 Werkstück in Frässtellung; *b* Räumwerkzeug, ortsfest; *c* Rundtisch; *d* Fräser; *e* Bewegungen des Fräskopfes.

stützung des Schneidvorgangs durch eine hochwertige Schneidflüssigkeit[1] erwartet werden. Außenräummaschinen müssen daher mit einem leistungsfähigen, auch bei Dauerbetrieb nicht versagenden Pumpkreislauf für die Schneidflüssigkeit einschließlich Reinigungsfilter und Abkühlbehälter ausgestattet sein. Die große Schnelligkeit des Räumvorgangs läßt laufend große Spanmengen anfallen und fordert damit ein viertes Merkmal einer guten Außenräummaschine: die abgehobenen Späne müssen reichlich Raum zum Sammeln haben und müssen aus diesem Sammelbehälter leicht entfernt werden können. Dazu gehört auch, daß sich Späne nicht in toten Winkeln der Maschine festsetzen können oder gar Laufbahnen oder Lager getriebener Maschinenteile gefährden.

Von den in ihrer Gestaltung verschiedenen Baugruppen der Bauarten von Außenräummaschinen haben die Ausbildung des Werkstückträgers, die Art des Antriebes von Werkzeug oder Werkstück und, bei Öldruckantrieb, die Arbeitsweise des Ölkreislaufs stärkeren Einfluß auf das Leistungsverhalten und die Unterhaltskosten der Maschine.

45. Der Werkstückträger ist bei waagerechten Räummaschinen (s. Abb. 37, 55, 56, 63, 85—88), Räumpressen (s. Abb. 52, 62, 82, 84) und Universalräummaschinen (s. Abb. 79 u. 113) unbeweglich. Sie müssen daher, wenn man nicht den Vorrichtungen einen an- und abrückbaren Werkstücktisch gibt (s. Abb. 38, 39, 89), vor dem Arbeitshub zum Einlegen und Spannen des Werkstücks und nach dem Arbeitshub zum Entspannen und Entfernen des geräumten Teils stillgesetzt werden. Diese Stillstandszeiten begrenzen die Leistungsfähigkeit des Räumvorgangs und halten die stündlich hergestellte Stückzahl an fertigen Werkstücken unter der möglichen Ausbringung, da bei der Schnelligkeit der Spanabhebung durch Räumen die Beschickungszeit vielfach der Hauptzeit nahekommt und sie teilweise überschreitet (s. Abschn. 35 und Abb. 53 u. 54). Dem selbsttätigen Zustellen des Werkstückträgers zum und dem selbsttätigen Abrücken vom Werkzeug im Wechseltakt mit den Hubbewegungen des Werkzeugschlittens, -ziehkopfes oder -stößels der Maschine kommt daher große Bedeutung zu.

Das Ziel bei der Gestaltung des selbsttätig verrückbaren Werkstücktisches, den sowohl senkrechte als auch waagerechte *Außen*räummaschinen als wesentlichen Bestandteil ihres Aufbaues aufweisen, ist, Arbeitshub und Leerhub ohne Unterbrechung aufeinander folgen zu lassen. Bei der Einschlittenmaschine mit hy-

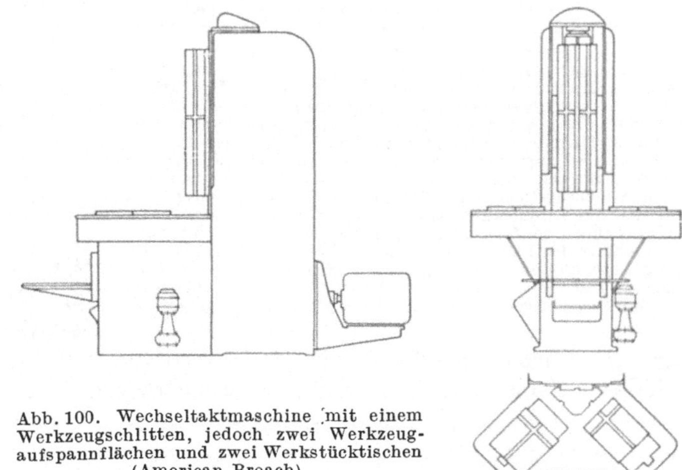

Abb. 100. Wechseltaktmaschine mit einem Werkzeugschlitten, jedoch zwei Werkzeugaufspannflächen und zwei Werkstücktischen (American Broach).

draulisch bewegtem Schiebe- (s. Abb. 48, 69, 75, 80, 81, 90, 93, 99c, 101, 102) oder Kipptisch (s. Abb. 34) wird dies unmittelbar angestrebt, jedoch nur bei einfach festzulegenden Werkstücken und Schnellbeschickungsvorrichtungen erreicht. Um auch

---

[1] Näheres hierüber siehe SCHATZ, Hilfsbuch für das Räumen von Werkstücken, München: Hanser 1951.

bei unbearbeiteten und schwierig festzulegenden Werkstücken zu einem durchlaufenden Arbeiten der Maschine zu kommen, ohne den Räumer zu überanstrengen, hat man den Werkstücktisch und seine Bewegungen zum Werkzeug (Einschlittenmaschine) oder zu den Werkzeugen (Doppelschlitten- und Wechseltaktmaschine) so gestaltet, daß die Rücklaufzeit entweder gedehnt wird oder die Beschickung während eines Leer- *und* eines Arbeitshubes vorgenommen werden kann. Der erste Konstruktionsweg wurde durch den Bau der Doppelschlittenmaschine, bei der die Geschwindigkeiten von Arbeits- und Leerhub gleich sind, beschritten (s. Abb. 36, 59, 64a, 65, 66, 67, 74, 91, 97, 98, 111, 112, 114). Hiervon zu unterscheiden ist die Wechseltaktmaschine (Abb. 100), die zwar auch zwei Arbeitsstellen und somit zwei Werkstücktische, jedoch nur einen Werkzeugschlitten, wenn auch mit zwei Werkzeugaufspannflächen, hat. Bei dieser Maschine wird abwechselnd das links oder rechts aufgespannte Werkstück geräumt. Während des Schlittenrückgangs *und* während eine der Arbeitsstellen unter Schnitt steht, kann die vom Werkzeug zurückgezogene zweite Werkstückaufspannung beschickt werden. Diese Konstruktion ist somit ein Beispiel für die zweite Gruppe von Lösungen der Aufgabe, bei fortlaufendem Arbeiten der Maschine die Beschickungszeit zu verlängern. Zu dieser Gruppe gehört auch die Anwendung eines selbsttätig geschalteten Teiltisches auf dem Schiebetisch der Maschine (s. Abb. 35, 57, 95, 96, 103). Die Zeiten des Bewegungsablaufs und sonstige die Wirtschaftlichkeit des Arbeitsvorgangs beeinflussende Faktoren verschiedener Konstruktionen von Werkstückträgern sind in Tab. 6 verglichen.

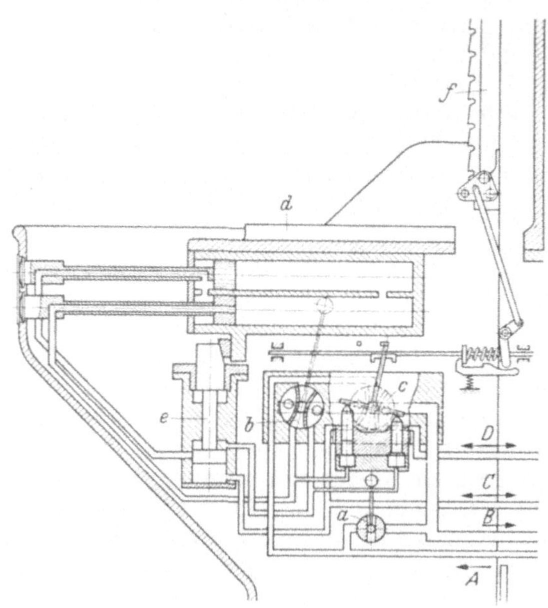

Abb. 101. Steuerung, Bewegung und Verriegelung eines Werkstück-Schiebetisches und deren Kopplung mit der Bewegung des Werkzeugschlittens (Forst).

a Notventil zur sofortigen Unterbrechung der Maschinenbewegungen; *b* Schaltdrehschieber I; *c* Drehschieber II; *d* Werkstücktisch; *e* Verriegelungsstößel; *f* Werkzeugschlitten. *A* Drucköl von der Vorsteuerpumpe; *B* Rücklauf zum Treibölbehälter; *C* Vorsteuerdruckleitung zur Verschiebung des Gehäuses der umkehrbaren Flügelzellenpumpe zur Förderung von Drucköl für den Räumhub und zur Öffnung der Pumpen-Ansaugeseite zum Ansaugen von zusätzlichem Treiböl aus dem Treibölbehälter (zum Ausgleich des Volumenunterschiedes der Arbeitsseite des Zylinders gegenüber der Leerlaufseite); *D* Vorsteuerdruckleitung zur Verschiebung des Pumpengehäuses zur Förderung von Drucköl für den Leerhub und zur Öffnung der Pumpen-Ansaugseite (war vorher während des Arbeitshubes Druckseite) zum Verdrängen des überschüssigen Treiböls in den Treibölbehälter [1].

Die Zustell- und Lüftbewegung selbsttätig verschobener, gekippter oder geschwenkter Werkstücktische muß an den Ölkreislauf der Hauptbewegung zwangsläufig gekuppelt sein, damit falsche Bewegungen zwischen Werkstücktisch und Werkzeugschlitten, die zu einer Zerstörung des Werkzeugs und der Vorrichtung führen könnten, wie z. B. ein irrtümliches Zustellen beim Leerhub, unbedingt ver-

---

[1] Über Anordnung und Wirkungsweise der Geräte zur Steuerung des Hauptkreislaufs dieser Bauart siehe Werkstattbuch Heft 101, H. Rögnitz, Hydraulische und mechanische Triebe für Geradwege an Werkzeugmaschinen, S. 28 u. Abb. 60., sowie Industrie-Anzeiger, Essen, 74. Jahrg. Nr. 35 v. 29. 4. 52 und Nr. 35 v. 2. 5. 52, S. 5—6: Schatz, Ausdrucksmittel und Anwendung ölhydraulischer Sinnzeichen, Abb. 1. u. 8.

Tabelle 6. *Vergleich von Bewegungsablauf, Mengenleistung und sonstigen Kostenfaktoren einiger Bauarten von Außenräummaschinen.*

(Vgl. auch Abb. 53 und 54, Abschn. 35.)

Bewegungsablauf und Mengenleistung

a) Schnittgeschwindigkeit = 4 m/min.

	Senkr. Einschlittenmaschine mit selbsttätigem					Senkrechte Doppelschlittenmaschine mit selbsttätigen Schiebe-, Kipp- oder Schwenktischen Abb. 36, 59, 64a, 65, 66, 74, 91, 97, 98, 111, 112, 114	
	Schiebetisch Abb. 48, 69, 75, 80, 81, 90, 93, 99 c, 101, 102 Kipptisch Abb. 34			2 Schiebe- tischen im Wechseltakt Abb. 100	4fach Teiltisch Abb. 58, 95		
Rücklaufgeschwindig-keit	15 m/min	18 m/min	24 m/min	18 m/min Werkstücke I und II	20 m/min	Werkstück I (4 m/min)	Werkstück II
Arbeitshub sek	19,5	19,5	19,5	19,5	19,5	19,5	19,5
Leerhub sek	5,2	4,3	3,3	4,3	3,9	19,5	19,5
Umschaltzeit sek	2,0	2,2	2,5	4	5	5	
Arbeitszeit je Werk-stück sek	26,7	26,0	25,3	27,8	28,4	41,5	41,5
Räumhübe je Stunde bei 85% Laufzeit	115	118	121	110	108	74 (148)	74
Verhältnis der Mengen-leistung bei Durchlauf der Maschine	100%	nur bei sehr ein-fachen Werkstücken erreichbar		96%	94%	130%	
Verfügbare *Beschickungszeit* bei Durchlauf	5,2 sek	4,3 sek	3,3 sek	23,8 sek	23,4 sek	19,5 sek	

b) Schnittgeschwindigkeit = 9 m/min, Rücklaufgeschw. wie oben außer der letzten Spalte, dort 9 m/min

Arbeitshub sek	8,7	8,7	8,7	8,7	8,7	8,7	8,7
Leerhub sek	5,2	4,3	3,3	4,3	3,9	8,7	8,7
Umschaltzeit sek	2,0	2,2	2,5	4	5	5	
Arbeitszeit je Werk-stück sek	15,9	15,2	14,5	17,0	17,6	19,9	19,9
Räumhübe je Stunde bei 85% Laufzeit	192	202	211	180	174	154 (308)	154
Verhältnis der Mengen-leistung bei Durchlauf der Maschine	100%	nur bei sehr ein-fachen Werkstücken erreichbar		94%	91%	160%	
Verfügbare *Beschickungszeit* bei Durchlauf	5,2 sek	4,3 sek	3,3 sek	13 sek	12,6 sek	8,7 sek	

Größenverhältnis sonstiger Kostenfaktoren

benötigte Anzahl Vor-richtungen je Arbeits-stelle	1			1	4	1	
Größenverhältnis des Aufnahmeraumes für das Werkstück	100%			100%	25%	100%	
Kostenverhältnis der Vorrichtungen je Arbeitsstelle	300% für durchlaufendes Arbeiten der Maschine selbsttätiges Spannen, Abstützen, Entspan-nen u. Auswerfen erforderlich			100% handbetätigte Vorrichtungen	400% handbe-tätigte Vorrich-tungen 4fach	150% Vorrichtungsbewegungen teilweise selbsttätig	
Gewichtsverhältnis der Maschinen	100%			125%	100%	150···170%	
Verhältnis des Raum-bedarfs d. Maschinen	100%			130%	100%	140···160%	
Preisverhältnis der Maschinen [1]	100%			115%	105%	140%	
Unterhaltungs- und Pflegekosten des elek-trischen und d. hydrau-lischen Teils der Ma-schinen	100%			105%	100%	110%	

[1] Unter Annahme eines international gleichen Preisniveaus.

mieden werden. Die Steuerung eines Schiebetisches und ihre Koppelung mit der Steuerung des Werkzeugschlittens zeigt Abb. 101. Die Maschine hat zwei Druckölkreisläufe: einen geschlossenen Hauptkreislauf, der von einer in ihrer Fördermenge stufenlos verstellbaren und in ihrer Förderrichtung umkehrbaren Flügelzellenpumpe angetrieben wird und den Werkzeugschlitten bewegt, und einen offenen Vorsteuerstromkreis, der von einer in der Förderrichtung nicht umkehrbaren Flügelzellenpumpe mit gleichbleibender Fördermenge den Werkstücktisch an- und abschiebt, ihn verriegelt und entriegelt und den Hauptstromkreis umsteuert.

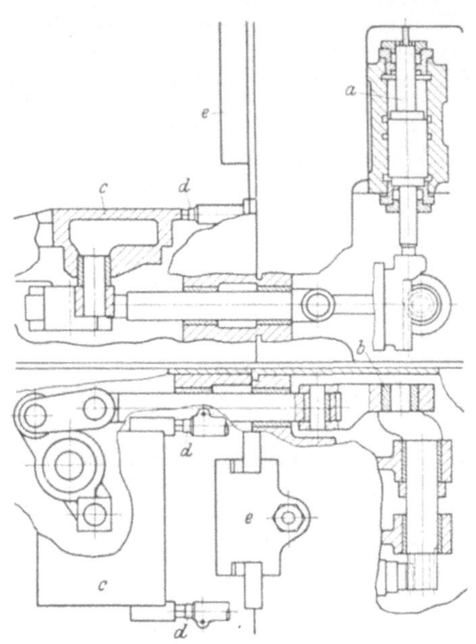

Abb. 102. Verschiebung des Werkstücktisches über ein Kurbel-Hebelgestänge von einem im Maschinenständer eingebauten Schubkolbentrieb aus (Oilgear). *a* Schubkolbentrieb; *b* Exzenterbüchse; *c* Werkstücktisch; *d* verstellbare Anschlagbolzen; *e* Werkzeugschlitten.

Das Kernorgan der Vorsteuerung[1] ist der Drehschieber *c*, der von einem doppelseitigen Schubplungertrieb geschaltet wird. Nach dem Einschalten der Maschine durch den Handhebel zur Einleitung der Arbeitsbewegung des Werkzeugschlittens steht der linke Plunger unter Öldruck. Die Zuleitung zu seinem Zylinder ist besonders eng bemessen und hat einen Querschnitt, der nur 1/10 des Querschnitts der zum Werkstücktisch-Zylinder führenden Leitungen beträgt. Hierdurch, jedoch auch durch den rechts angeordneten Plunger, der Öl über eine ebenfalls sehr enge Leitung verdrängen muß, wird die Zuführung von Steuerdrucköl zur Schaltung der Abwärtsbewegung des Werkzeugschlittens solange verzögert, bis der Werkstücktisch in seine Arbeitslage verschoben und verriegelt ist. Am unteren Umkehrpunkt des Hubes ist der rechte Plunger das Bewegungs- und der linke das Verzögerungsorgan.

Eine andere Art des Werkstücktisch-Antriebes ist in Abb. 102 dargestellt. Der Schubkolbentrieb ist nicht unmittelbar im Tisch untergebracht, sondern befindet sich im Maschinenständer, von wo aus der Schub über ein Ritzel und ein Kurbel- und Hebelgestänge auf den Tisch übertragen wird. Ein besonderer Sperrkeil zur Verriegelung der vorderen Tischlage ist nicht erforderlich, weil bei dieser Endstellung die Kurbel mit dem angelenkten Pleuel einen gestreckten, selbsthemmenden Kniehebel bildet, der mit starkem Druck den Tisch gegen die Anschläge am Maschinenständer preßt und ihm damit eine der Abdrängkraft entgegenwirkende Vorspannung gibt. Diese Maschine hat keinen besonderen Vorsteuer-Ölkreislauf, sondern der Schubkolbentrieb ist in den geschlossenen Hauptstromkreis als gleichzeitiges Steuerorgan eingegliedert (ähnlich wie in Abb. 111). Geschaltet wird die Maschine über elektromagnetisch betätigte Umsteuerschieber, die sich unmittelbar an der Pumpe befinden und Schubkolbentriebe (s. Abb. 109) zur Verschiebung des Gehäuses einer stufenlos verstellbaren und in der Förderrichtung umkehrbaren radialen Kolbenzellenpumpe in Bewegung setzen.

Ein auf dem Schiebetisch aufgebauter Teiltisch kann entweder in Abhängigkeit von der Bewegung des Schiebetisches über Zahnstange und Ritzel mechanisch ge-

---

[1] Siehe Fußnote Seite 56.

schaltet oder hydraulisch (Abb. 103) gedreht werden. Beim Rückgang des Schiebetisches in die Beschickungsstellung wird der Drehschieber d durch Eingriff einer am Maschinenständer gelagerten Anschlagnase a in das Schaltrad c dem Drucköl geöffnet und läßt es zur Drehung des Teiltisches n um 180° in den Zylinderraum des Drehkolbens e eintreten.

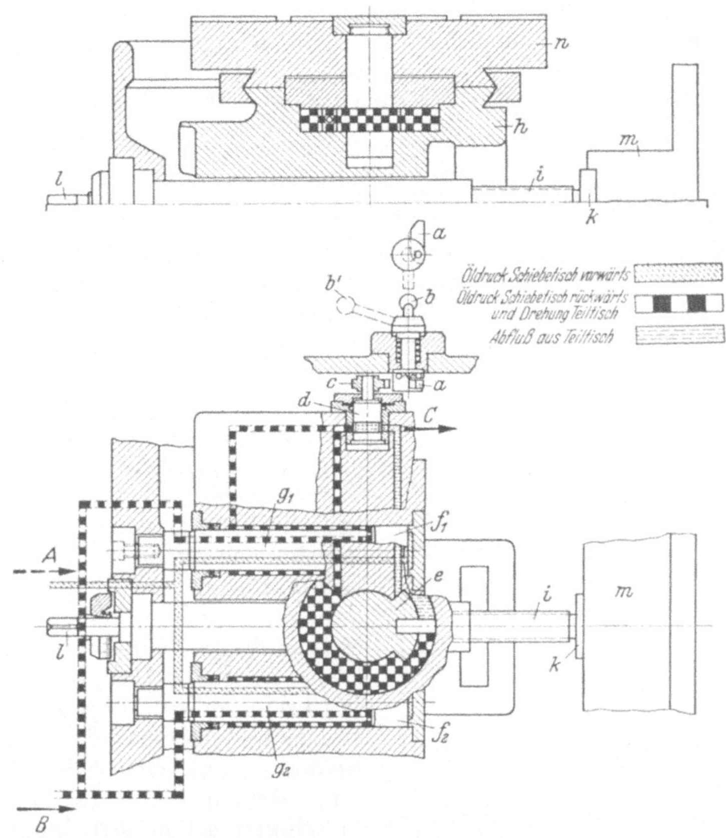

Abb. 103. Aufbau und Arbeitsweise eines selbsttätigen 2fach-Teiltisches mit hydraulischer Drehung um jeweils 180° (KARL KLINK).
a Anschlagnase; b Stellung des Handhebels bei Einschaltung der selbsttätigen Teilbewegung; b' Stellung des Handhebels bei abgeschalteter Teilbewegung, c Schaltrad; d Drehschieber; e Drehkolben; f_1 linker Schubkolben für Tischzu- und -abrückung; f_2 rechter Schubkolben; g_1, g_2 unbewegliche Kolbenstangen; h Schiebetisch; i Spindel zur Einstellung der Werkstückentfernung vom Werkzeug, k Anschlagplatte am Maschinenständer; l Vierkant zum Aufstecken des Verstellhebels für Werkstücklage zum Werkzeug; m Maschinenständer; n Teiltisch; A Drucköłzuleitung für Tischanrücken; B Drucköłzuleitung für Tischabrücken.

46. Der Maschinenantrieb. Die ersten Räummaschinen, die für das Innenräumen gebaut wurden, weil die Außenräumtechnik noch nicht ausreichend entwickelt war, hatten mechanischen Antrieb durch Ritzel und Zahnstange oder Spindel und Mutter. Sie arbeiteten nur bei geringer Schnittgeschwindigkeit genügend ruhig und waren die gegebenen Maschinen für Räumwerkzeuge aus Werkzeugstahl. Seitdem indessen immer mehr die Räumwerkzeuge aus Schnelldrehstahl hergestellt wurden, entstand das Bedürfnis nach schneller und ruhiger arbeitenden Maschinen, die auch, weil immer mehr Werkstücke aus den verschiedensten Metallegierungen geräumt wurden, in ihrer Schnittgeschwindigkeit stufenlos einstellbar sein mußten, um unter den günstigsten Zerspanungsbedingungen zu arbeiten. Die konstruktive Lösung war der Öldruckantrieb, der von etwa 1930 an im Räummaschinenbau immer mehr Eingang fand, weil er der weiter entwickelten Räumtechnik, die in den gleichen Jahren in zunehmendem Umfange Außenflächen und -profile zu bearbeiten begann, besser entsprach. Auf dem Gebiet des Außenräumens hat sich der mechanische Maschinenantrieb nur noch bei einigen Sonderräummaschinen mit fortlaufender Bewegung (s. Abb. 116, 117, 118, 124, 125) erhalten.

Der ölhydraulische Räummaschinenantrieb hat folgende Vorteile:

1. Stoßfreies Arbeiten, insbesondere beim Ein- und Austritt des Werkzeugs in das Werkstück sowie auch beim Übertritt von einem Zahnungsabschnitt des Werkzeugs in einen anderen mit verschiedenem Querschnitt der abzuräumenden Schichten.

2. Stufenlose Einstellbarkeit der Schnittgeschwindigkeit und der Rücklaufgeschwindigkeit (zur Anpassung an die Beschickungszeit).

3. Ablesbarkeit der Schubkraft am Öldruckmanometer.

4. Begrenzung der Schubkraft durch ein Sicherheitsventil und damit Schutz der Räumnadel.

Seit kurzem wird in Sonder-Außenräummaschinen mit Hubbewegung wieder der mechanische Antrieb in verbesserter Bauart zum Räumen mit Hartmetall-Werkzeugen angewandt. Zwar sind Räummaschinen zur Bearbeitung von Stahl mit Hartmetall-Werkzeugen noch nicht gebaut worden, weil sie eine optimale Schnittgeschwindigkeit von etwa 90 m/min haben müßten, jedoch sind Zylinderkopfräummaschinen, auf denen Grauguß mit einer Schnittgeschwindigkeit von 37 bis 43 m/min zerspant werden kann, bereits in Betrieb. In diesem Schnittgeschwindigkeitsbereich versagt bei den großen Schubkräften und den großen zu beschleunigenden und zu verzögernden Massen der Räummaschine der ölhydraulische Antrieb. Man bewegt daher den Werkzeugschlitten über Ritzel und Zahnstange und steuert die Maschine durch Spannungsumkehr des Motors elektrisch um, ähnlich wie dies bei Langhobelmaschinen schon seit langem gemacht wird.

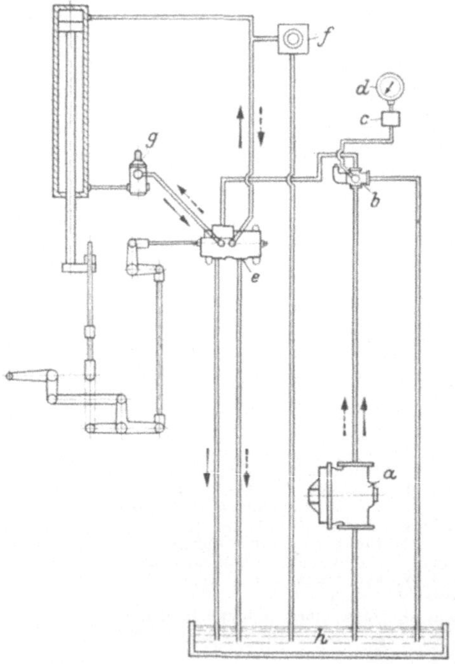

47. Der Treibölkreislauf. Auf dem Gebiet des Räummaschinenbaus werden Öldruck-Kreisläufe in der offenen, geschlossenen und kombinierten (teils offen, teils geschlossen) Anordnung und Arbeitsweise angewandt. Abb. 104 zeigt den offenen Ölstromkreis einer Räumpresse mit Drosselregelung. Bewegt wird das Treiböl durch eine Flügelzellenpumpe a mit gleichbleibender Förderrichtung und -menge (Abb. 105). Zunächst ist in die Druckleitung ein Überdruckventil b eingeschaltet, durch das überschüssiges Drucköl wieder in den Ölbehälter h zurückkehren kann. Ein vonhand oder vom Pressenstössel verstellbarer Umsteuerschieber e leitet das Drucköl auf eine der beiden Kolbenseiten des Pressenzylinders oder, bei Stillstand der Maschine, in den Ölbehälter zurück. Während der Zylinderraum auf

Abb. 104. Offener, durch Drossel verstellbarer Ölstromkreis einer Räumpresse (Lapointe).
a Flügelzellenpumpe mit gleichbleibender Förderrichtung und -menge; *b* Überdruckventil; *c* Stoßdämpfer; *d* Manometer; *e* Umsteuerschieber; *f* Drosselventil; *g* Gegendruck/Rückschlagventil; *h* Treibölbehälter.

einer Seite des Kolbens unter Druck steht, ist die andere über den Umsteuerschieber entweder unmittelbar (oberer Zylinderraum) oder nach Überwindung des Widerstandes eines Gegendruckventils g (unterer Zylinderraum) mit dem Ölbehälter verbunden. In das Gegendruckventil, das notwendig ist, um einerseits eine ungewollte Abwärtsbewegung des Pressenstössels unter seinem Gewicht zu verhindern, andererseits ein stoßfreies Arbeiten zu sichern, ist für den Durchlaß in Gegenrichtung ein Rückschlagventil eingebaut. Die Geschwindigkeit der Stösselbewegung ist für den Arbeitshub durch ein Drosselventil f, das an eine Anzapfung der Druckleitung angeschlossen ist, einstellbar. Derartige offene Ölstromkreise mit Geschwindigkeitsverstellung durch Drosselung haben den Vorteil, daß sie einfach im Aufbau, leicht zu steuern und wegen ihrer einfachen und unempfindlichen Regel- und Steuerorgane unverwüstlich sind. Sie haben dafür einen wesentlich geringeren Wirkungsgrad als Stromkreise mit verstellbarer Pumpe, sobald ihre Fördermenge unterhalb der Größtmenge liegt. Außerdem ändert sich bei den einfachen Drossel-Kreisläufen, wie dem beschriebenen, die Fördermenge mit dem Schnittwiderstand.

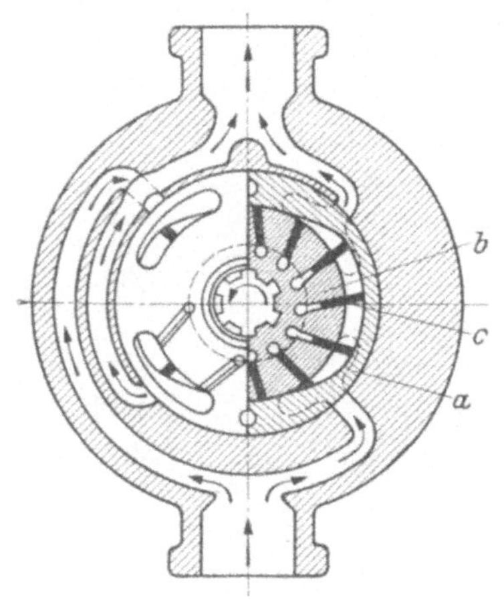

Abb. 105. Druckentlastete Flügelzellenpumpe gleichbleibender Förderrichtung und -menge mit zwei Saug- und Druckseiten (Vickers).
a Stator; b Rotor; c Flügel.

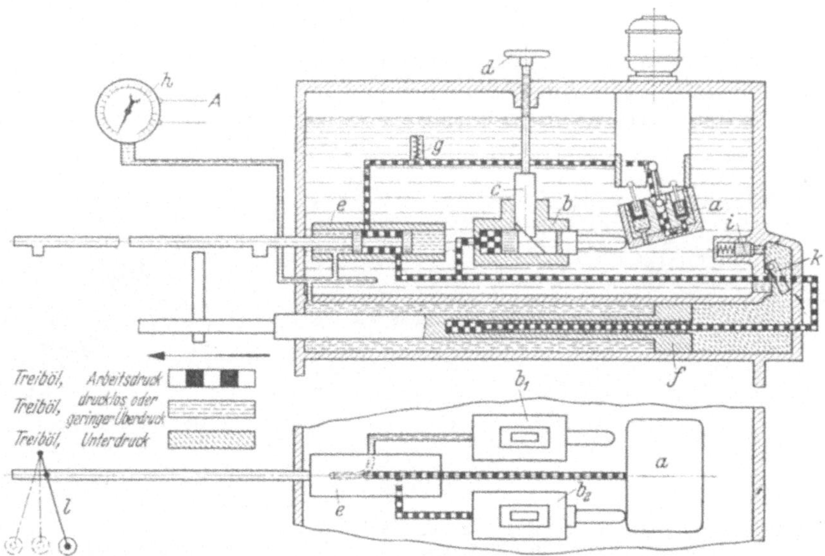

Abb. 106. Offener Ölstromkreis einer waagerechten Räummaschine mit Verstellung der Geschwindigkeiten von Arbeits- u n d Rückhub durch Veränderung der Pumpenfördermenge (KARL KLINK). a in der Ölförderung verstellbare, jedoch nicht umkehrbare Kolbenzellenpumpe in Trommelbauart; b_1 Schubkolbentrieb zum Schwenken der Pumpe a auf Förderung von Treiböl für den Arbeitshub; b_2 Schubkolbentrieb zum Schwenken der Pumpe a auf Förderung von Treiböl für den Rückhub; c verstellbarer Anschlag für Geschwindigkeitsbegrenzung; d Handrad zum Einstellen der Hubgeschwindigkeit; e Steuerschieber; f Hauptarbeitskolben; g Sicherheitsventil; h Kontaktmanometer zur Begrenzung des Arbeitsdruckes beim Räumhub; i Belastungsventil 2 atü; k Rückschlagventil; l Schalthebel; rechts für Rücklauf, Mitte für Stillstand, links für Arbeitshub des Maschinenstössels; A elektr. Leitung zum Schütz.

Dieser Nachteil kann durch Einbau von Druckregel-, Ausgleichs- oder Differenz-druckventilen in den Ölkreislauf teilweise oder ganz ausgeglichen werden.

Während es bei offenen Ölstromkreisen mit Drosselregelung erforderlich ist, einen Teil des geförderten Öls wieder abzuleiten, wenn eine Hubgeschwindigkeit unterhalb der höchsten eingestellt wird, kann bei offenen Stromkreisen mit verstellbarer Pumpe die För-derung unmittelbar dem Bedarf angepaßt werden (Abb. 106).

Geschlossene oder kombinierte (teils offene, teils geschlossene) Ölstromkreisläufe arbeiten mit in ihrer Förderung verstellbaren *und* umkehrbaren Pumpen. Eine Kolben-zellenpumpe dieser Art mit radialer Anordnung der Kolben (Stern-bauart)[1] zeigt Abb. 107. Je nach der Stellung des Zylindergehäuses fördert die Pumpe entweder in der einen Richtung, in der entgegen-gesetzten Richtung oder überhaupt nicht (Abb. 108). Bei in Räum-maschinen eingebauten Kolben-zellenpumpen dieser Bauart ist das Handrad mit Spindel durch zwei Drucköl-Schubkolbentriebe, deren Ölzu- oder -abfluß vom Arbeitsplatz

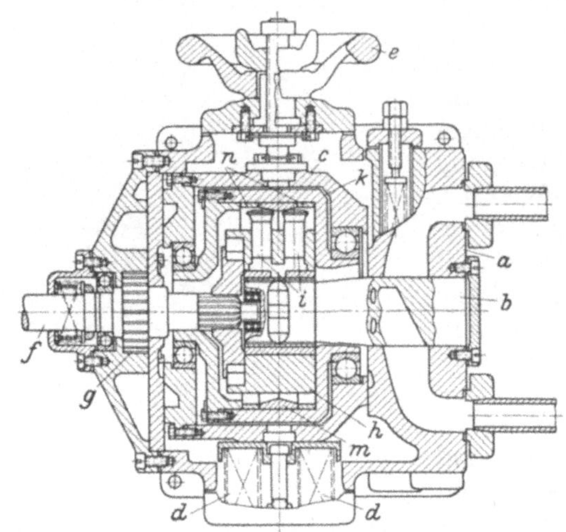

Abb. 107.   Kolbenzellenpumpe in Sternbauart mit veränder-licher und umkehrbarer Förderung (Oilgear).
a Gehäuse; *b* Verteilerzapfen; *c* Verschiebeblock; *d* Druck-federn; *e* Handrad; *f* Antriebswelle; *g* Hilfszahnradpumpe zum Ansaugen des Treiböls und für dessen Förderung zur Kolben-zellenpumpe; *h* Zylinderkörper; *i* Kolben; *k* Rotor; *m* Gegen-druckring; *n* Abstandsringe.

des Räumers aus und durch den Werkzeugschlitten elektrisch gesteuert werden, ersetzt (Abb. 109). Der Ausschlag des Gehäuses aus der Nullage ist auf jeder Seite durch eine vonhand verstellbare Anschlagschraube, die die Fördermenge und

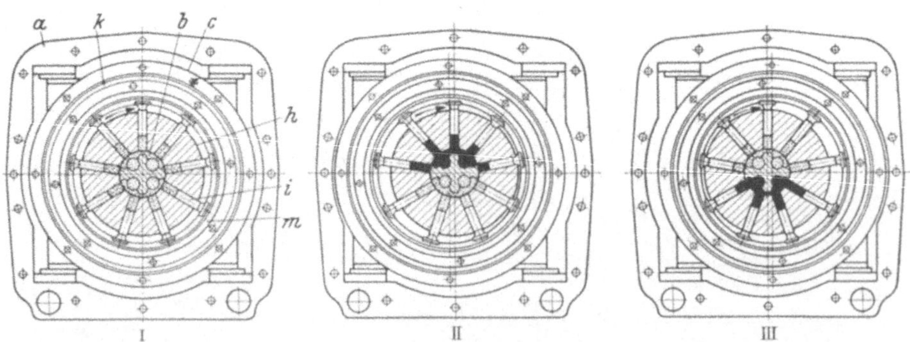

Abb. 108.   Querschnitte der Kolbenzellenpumpe Abb. 107 mit drei Förderfällen: I keine Förderung,
II Förderung in der einen Richtung, III Förderung in entgegengesetzter Richtung.
a Gehäuse; *b* Verteilerzapfen; *c* Verschiebeblock; *h* Zylinderkörper; *i* Kolben; *k* Rotor; *m* Gegendruckring.

damit die Hubgeschwindigkeit bestimmt, begrenzt. Zur Verstellung aus der Mitten-lage wird einseitig, zur Schaltung auf Pumpenleerlauf beidseitig Drucköl zugeführt.

---

[1] Aufbau einer Flügelzellenpumpe mit veränderlicher und umkehrbarer Förderung sowie einer verstellbaren und umkehrbaren Kolbenzellenpumpe in Trommelbauart siehe Werkstatt-buch Heft 26, SCHATZ, Innenräumen, 3. Aufl. Berlin: Springer-Verlag 1951, Abb. 71 u. 73.

Der durch eine Kolbenzellenpumpe in Sternbauart getriebene kombinierte Ölkreislauf der Abb. 110 enthält nur die wesentlichen Regel- und Umsteuerorgane.

Bei Leerlauf der Pumpe a oder Stillstand der Maschine wird der am oberen Wendepunkt des Hubes stehende Kolben b das Bestreben haben, unter seinem Eigengewicht und dem des Werkzeugschlittens nach unten zu gehen und dabei das Öl im unteren Zylinderraum zu verdrängen. Gehindert wird er daran durch das unter Federdruck geschlossene Ventil d, dessen Verschluß noch dadurch gesichert ist, daß das unter Druck stehende Öl

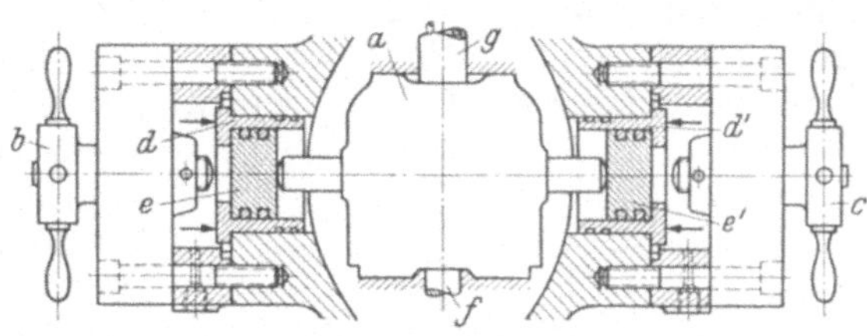

Abb. 109. Grundsätzlicher Aufbau und Arbeitsweise der hydraulischen Verstellung einer Kolbenzellenpumpe in Sternbauart auf Vorlauf, Leerlauf oder Rücklauf des Treiböles. a Verschiebeblock; b Handrad zum Einstellen der Räumgeschwindigkeit; c Handrad zum Einstellen der Rücklaufgeschwindigkeit d, d' Außenkolben; e, e' Innenkolben; f Antriebswelle; g Verteilerzapfen.

des unteren Zylinderraums über die Leitung e, den Schieber f und die Leitung g unter den Plunger des Ventils d gelangt und dort die Wirkung der Feder unterstützt.

Wird die Pumpe auf Abwärtsgang des Werkzeugschlittens geschaltet (in Abb. 110 dargestellter Zeitpunkt), so tritt der Ölstrom über die Leitung h in dem Schieber i ein und drückt dessen Kolben nach rechts. In dieser Lage wird die Verbindungsleitung zur unteren Seite des Schiebers f und zum oberen Zylinderraum des Werkzeugschlittens geöffnet. Der Schieber f geht nach oben und schließt dabei die Leitung g. Der nun nicht mehr durch Öldruck nach oben in geschlossener Ventilstellung gehaltene Plunger des Ventils d wird durch das verdrängte Öl der unteren Zylinderseite, das den Federdruck überwindet, geöffnet und gibt ihm dadurch den Weg zur Ansaugseite der Pumpe frei. Da infolge des Raumunterschiedes zwischen der oberen und unteren Zylinderseite unten mehr Öl verdrängt wird als nach Durchgang durch die Pumpe oben eintritt (Raumunterschied = Volumen der Kolbenstange), muß ein Teil des verdrängten Öls über die Leitung k, die Winkelbohrung im Kolben des Schiebers i und das Belastungsventil l in den Ölbehälter zurückfließen.

Zur Aufwärtsbewegung des Werkzeugschlittens im Leerhub wird das

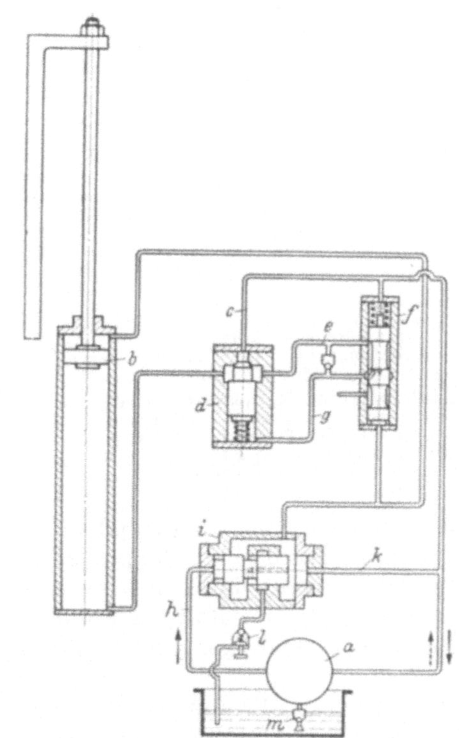

Abb. 110. Kombinierter (teils offener, teils geschlossener) Ölstromkreis einer Einschlitten-Außenräummaschine (Oilgear). a Kolbenzellenpumpe mit veränderlicher und umkehrbarer Förderung; b Kolben des Arbeitszylinders; c Leitung vom Sperrventil zur Pumpe; d Sperrventil; e Leitung vom Sperrventil d zum Sperrschieber; f Sperrschieber; g Rückleitung vom Sperrschieber f zum Sperrventil d; h Leitung von der Pumpe zum Umsteuerschieber i; i Umsteuerschieber; k Abzweigung von Leitung c zum Umsteuerschieber i; l Gegendruckventil; m Schnüffelventil.

Gehäuse der Pumpe *a* in die entgegengesetzte Stellung verschoben, in der sie in die
Leitungen *c* und *k* fördert. Das Öl hierzu wird über das Bodenventil *m* aus dem Öl-
behälter angesaugt. Der Kolben in Schieber *i* geht nach links und schließt die
Leitung *h* vollkommen ab. Sofort nach dieser Bewegung findet in Leitung *k* eine
Bewegungsumkehr statt. Das verdrängte Öl des oberen Zylinderraums tritt nun-
mehr zusammen mit dem von der Pumpe
geförderten Öl über die Leitung *c* in den
unteren Zylinderraum und bewegt den
Kolben im Schnellgang nach oben, wobei
die Förderpumpe lediglich das von der
Kolbenstange verdrängte Volumen in die
Leitung *c* zu drücken braucht.

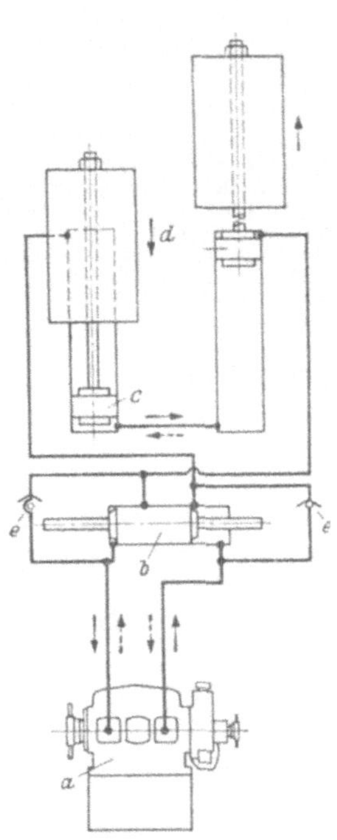

Abb. 111. Grundsätzlicher Aufbau eines geschlossenen Ölstromkreises für eine Doppelschlittenmaschine (Oilgear).

a Kolbenzellenpumpe in Sternbauart mit veränderlicher und umkehrbarer Förderung;
b Schubkolbentrieb zur Bewegung der Werkstücktische; *c* Arbeitskolben; *d* Bewegung der
Werkzeugschlitten; *e* Rückschlagventile.

Abb. 112. Pumpe und Rohrleitungsnetz einer Doppelschlittenmaschine (Oilgear).

Noch einfacher im Aufbau und in der Arbeitsweise kann der vollkommen geschlossene Ölkreislauf einer Doppelschlittenmaschine sein. Die grundsätzliche Anordnung der Elemente und Leitungen zeigt Abb. 111 in einer schematischen Skizze,
in der wesentliche Kreislauforgane fehlen, um das Pendeln des Öls in den unteren
Zylinderräumen vom linken zum rechten Zylinder besonders anschaulich zu machen
und um das Vorschalten des Verstellzylinders für die Werkstücktischbewegungen
vor die Werkzeugschlittenzylinder deutlicher erkennen zu lassen. Da der Rauminhalt der von der Pumpe das eine Mal von links nach rechts und das andere Mal
von rechts nach links geförderten Ölmenge gleich ist, weil die bei der Einschlittenmaschine vorhandene Volumendifferenz zwischen unterem und oberem Zylinderraum nicht berücksichtigt zu werden braucht, ist der Stromkreis bei Doppelschlittenmaschinen bis auf die Ergänzung von Lecköl (Hilfsleitungen nicht gezeichnet) nahezu vollständig geschlossen. Das einfache Rohrleitungsnetz einer
solchen Doppelschlittenmaschine ist durch einen Blick in das Innere von hinten
her in Abb. 112 zu erkennen.

B. Bauarten.

48. Allgemein anwendbare Maschinen für Außenräumarbeiten. Von den handelsüblichen Räummaschinen, auf denen sich Außenräumarbeiten ausführen lassen, fördert die *Räumpresse* den geringsten Kostenaufwand bei der Anschaffung. Dabei ist sie sehr vielseitig, da sie sich für die verschiedenartigsten Außenräumaufgaben einrichten läßt (s. Abb. 22, 24, 38, 42, 52, 62, 82, 83, 84). Ihr Ölkreislauf ist einfach und läßt sich leicht übersehen und warten (s. Abb. 104). Da die Presse, abgesehen von den Fällen, in denen sehr einfache Werkstücke bearbeitet werden, an den Hubenden stillgesetzt werden muß, um die Vorrichtung zu beschicken, ist ihre Mengenleistung begrenzt. Durch den Bau von Vorrichtungen mit selbsttätiger Anstell- und Rückzugsbewegung läßt sich die Leistung indessen steigern (Abb. 38).

Einen größeren Anwendungsbereich als die Räumpresse hat die *Universalräummaschine* (Abb. 113), auf der sich Innenräumarbeiten mit gezogener Räumnadel, Stoßräumarbeiten für Innen- und Außenprofile und Außenräumarbeiten, bei denen das Werkzeug auf einem Schlitten aufgespannt werden muß (s. Abb. 79) ausführen lassen. Wegen des Ziehkopfes für Innenräumarbeiten, der unterhalb des Werkstücktisches liegt, kann der Werkstückträger zum Werkzeug nicht verrückbar sein, weshalb auch die Mengenleistung dieser Maschine durch notwendige Stillstandszeiten an den Hubenden beschränkt ist.

Abb. 113. Universalräummaschine (American Broach).

Die aus den Bedürfnissen des Innenräumens heraus entwickelte *waagerechte Räummaschine* eignet sich zum Außenräumen besonders für solche Werkstücke, die sperrig sind oder sich wegen ihrer Form und Größe und der Lage der zu räumenden Flächen am besten auf dem oder im Vorsatztisch dieser Bauart festlegen lassen (s. Abb. 37, 39, 41, 63, 87, 88, 89) sowie für solche Fälle, in denen kleine oder mittlere Reihen von Werkstücken öfter abwechseln (s. Abb. 55, 56, 85, 86). Sie leistet zwar, da ihr ein selbsttätig verschobener oder geschwenkter Werkstücktisch[1] fehlt, weniger als senkrechte Außenräummaschinen, doch ist sie in der Anschaffung billig und leicht auf wechselnde Bearbeitungsaufgaben umstellbar. Ihre große Länge kann indessen in der Werkstatt hinderlich werden.

Die *Einschlittenmaschine* mit senkrechter Werkzeugbewegung und *selbsttätig verschiebbarem* oder *kippbarem* Werkstücktisch (s. Abb. 34, 35, 48, 69, 75, 80, 81, 90, 93) verlangt zu ihrer vollen Belastung hochentwickelte Schnellbeschickungsvorrichtungen, die sich in wenigen Sekunden bedienen lassen (s. Tab. 6, Abschn. 45). Bei einigen Baumustern ist auch die Rücklaufgeschwindigkeit stufenlos einstellbar. Sie wird auf die jeweilige Beschickungszeit, die der Räumer ohne Überanstrengung dauernd einhalten kann, abgestimmt und erlaubt auf diese Weise ein durchlaufendes Arbeiten der Maschine.

Die drei- bis vierfache Beschickungszeit gegenüber der Einschlittenmaschine mit Schiebe- oder Kipptisch steht dem Räumer auf der *Wechseltaktmaschine* (s. Abb. 100)

---

[1] Eine Bauart mit vonhand verstellbarem Winkeltisch, siehe Werkstattbuch Heft 26 SCHATZ: Innenräumen, 3. Aufl., Abb. 84.

oder der *Einschlittenmaschine mit Teiltisch* (s. Abb. 57, 95, 96, 103) zur Verfügung, ohne daß diese Maschinen an den Hubenden stillgesetzt zu werden brauchten. Näheres s. Abschn. 45.

Nur die *Doppelschlittenmaschine* steht von den hubweise arbeitenden Außenräummaschinen dauernd unter Schnitt, indem die Schlitten im Pendeltakt einander ablösen. Beispiele von Arbeiten auf Doppelschlittenmaschinen zeigen die Abb. 59, 64, 65, 66, 67, 74, 91, 97, 98. Meist haben Maschinen dieser Bauart eine *senkrechte* Werkzeugbewegung. Für besonders schwere Schnitte mit starken Räumzugaben, die wegen der beschränkten Schnittiefe je Zahn eine besonders große Zahl von nacheinander eingreifenden Zähnen und damit ein langes Werkzeug verlangen, sind *waagerechte* Doppelschlittenmaschinen mit besonders großem Hub (3 m) entwickelt worden (Abb. 114). In zwei Größen, Räumkraft: 14/22 t, Motorleistung: 22 KW und Räumkraft: 23/36t, Motorleistung: 30 KW, erfüllen sie die Bedürfnisse der Kraftfahrzeugindustrie nach einer leistungsfähigen Maschine für den Dauergebrauch.

Abb. 114. Waagerechte Doppelschlittenmaschine (Lapointe).

Mit diesen Maschinen ist es möglich, an Stahlteilen Werkstoffschichten bis zu 10 mm Dicke abzuheben.

Auch von der *Gegentaktmaschine*, die als Zylinderblock- und Zylinderkopfräummaschine *waagerechter* Bauart seit langem in der Kraftfahrzeugindustrie im Gebrauch ist, sind Baumuster gebaut worden, die sich auf die verschiedensten Werkstücke umstellen lassen, soweit deren Stückzahl die Baukosten von Schnellbeschickungsvorrichtungen rechtfertigt (Abb. 115). Solche Maschinen stehen ebenfalls dauernd unter Schnitt und

Abb. 115. Gegentaktmaschine (Cincinnati).

haben eine hohe Mengenleistung, da die Bewegungsfolge von Werkzeugschlitten und Werkstücktischen selbsttätig abläuft. Die Maschine hat nur *einen* besonders breiten Werkzeugschlitten, der in beiden Bewegungsrichtungen räumt und somit keinen Leerhub hat. Die beiden Werkstücktische sind in der Höhenlage versetzt zueinander angeordnet. An der linken oberen Arbeitsstelle wird im Rechtshub mit dem oberen Werkzeug, an der rechten unteren Arbeitsstelle im Linkshub mit dem unteren Werkzeug geräumt. Größte abhebbare Werkstoffschicht bei Werkstücken aus Stahl: 10mm.

49. Außenräummaschinen mit begrenztem Anwendungsgebiet. Bei Übergang von der hin- und hergehenden Bewegung des Werkzeugs zu einer fortlaufenden Spanabhebung wird durch den Fortfall des Leerhubes Schnittzeit gewonnen. Außerdem können solche Maschinen sehr einfach im Aufbau sein. Bei der Gestaltung von Außenräummaschinen nach diesem Gedanken sind zwei Wege beschritten worden: man hat einerseits am feststehenden Werkstück ein fortlaufend bewegtes kreisförmiges Werkzeug vorbeigeführt, andererseits am ortsfesten Werkzeug die Werkstücke entlang bewegt. Damit verlieren die so gebauten Maschinen jedoch gleichzeitig ihre allgemeine Verwendbarkeit.

Die Kreisscheibe als Werkzeugträger (Abb. 116) kann auf ihrem Umfang nur solche Zahnungen aufnehmen, die verhältnismäßig schmal sind. Auch wird der Anwendungsbereich dadurch eingeschränkt, daß mit der Umfangsschneide in Längsrichtung gerundete Flächen erzeugt werden. Die *Rundschneidräummaschine* eignet sich daher nur für das Ausarbeiten von Schlitzen oder Zahnlücken mit gerundetem

Abb. 116. Rundschneidräummaschine.
(Magdeburger Werkzeugmaschinenfabrik 1943).

Grund. Sie können tief sein, wenn die Werkstücktische, die rings um den Umfang des Werkzeugs angeordnet sind, eine selbsttätige stufenweise Zustellung zum Werkzeug haben. Die Zahnung des Werkzeugs nimmt dreiviertel vom Umfang der Scheibe ein und steigt nach außen hin von Zahn zu Zahn jeweils um die Spantiefe an. Zum Einarbeiten der tiefen Schlitze in die Pleuel des in Abb. 116 dargestellten Arbeitsbeispiels sind 7 Umläufe der Scheibe erforderlich. Von den 8 Werkstücktischen ist jeweils einer während eines Scheibenumlaufes durch Verschieben des unteren Tischschlittens in die Beschickungsstellung zurückgezogen. Auf dem nächstfolgenden Werkstücktisch wird in der 1. Stufe geräumt, auf dem dann folgenden in der zweiten Stufe usw. bis zum 8. Werkstücktisch, auf dem der letzte Räumschnitt genommen wird. Nach dem Erreichen des zahnungsfreien Scheibenabschnitts wird der Werkstücktisch, auf dem während eines Scheibenumlaufs die Werkstücke ausgewechselt wurden, in Arbeitsstellung verschoben, dann werden bei weiterer Drehung des Werkzeugs während eines Umlaufs nacheinander die folgenden Werkstücktische durch Verschieben der oberen Schlitten in die Stellung der jeweils nächsten Räumstufe an das Werkzeug herangerückt und der untere Schlitten des 8. Werkstücktisches zum Beschicken zurückgezogen. Der Räumer wandert also zum Beschicken der Vorrichtungen von Werkstücktisch zu Werkstücktisch um die Maschine herum und tauscht dort während einer Werkzeugumdrehung die fertiggewordenen Werkstücke gegen ungeräumte Teile aus [1].

Man kann auch die Stirnseite einer sich drehenden Scheibe als Schneidenträger verwenden, wie dies in Sonderfällen zur Bearbeitung kleiner Massenteile mehrfach

---

[1] Das Verfahren des Rundschneidräumens wird auch bei der Kegelradräummaschine von GLEASON (Revacycleverfahren), s. Industrie-Anzeiger, Essen, 74 Jahrg., Nr. 37 v. 6. Mai 1952, S. 16 (2 Bilder), angewandt.

geschehen ist, jedoch wird im allgemeinen für das Räumen von ebenen Außenflächen die Drehung einer Werk*stück*scheibe zwischen zwei ortfesten Werkzeugen zur Erzeugung zweier gegenüberliegender Flächen oder der Schub eines Werkstücktisches unter dem feststehenden Werkzeug hindurch für das Bearbeiten einer Fläche die günstigere konstruktive Lösung sein (Abb. 117). Die *Rundtischräummaschine* hat einen Tischdurchmesser von 900 mm und macht mit dem Werkstücktisch in der Minute eine Umdrehung. Das Werkzeug nimmt über dem Tisch einen Kreisausschnitt von 225° ein und ist unter einer vom Ständer aus über den Werkstücktisch herausragenden Brücke befestigt. Da die Länge der Zahnung begrenzt ist,

Abb. 117. Rundtischräummaschine (American Broach).

Abb. 118. Kettenräummaschine (Foote-Burt).

können nur verhältnismäßig geringe Räumzugaben von kleinen Werkstücken, die keine große Räumlänge haben, abgehoben werden. Im Beispiel werden zwei ebene Flächen eines kleinen Schalthebels jeweils nacheinander in zwei Vorrichtungen bearbeitet. Der Werkstücktisch trägt 16 Paare von diesen Vorrichtungen, die an dem vom Werkzeug nicht abgedeckten Beschickungsplatz der Maschine selbsttätig entspannt und vor dem Eingreifen des ersten Räumzahns selbsttätig gespannt werden. Da gleichzeitig 18 Werkstücke unter Schnitt stehen, muß die Maschine eine große Durchzugskraft haben, um den Schnittwiderstand zu überwinden (Leistungsauf-

Abb. 119. Zylinderblockräummaschine älterer Bauart (Cincinnati)

nahme des Antriebmotors: 19 KW). Der hohen Mengenleistung der Maschine von 700 an zwei Flächen geräumten Schalthebeln in der Stunde steht ein hoher Vorrichtungsaufwand gegenüber. Diese Bauart ist daher nur in der Massenfertigung mit sehr großen Stückzahlen wirtschaftlich.

Die *Kettenräummaschine* (Abb. 118) ist hinsichtlich der räumbaren Profile und der Form der Werkstücke freizügiger, doch ist deren Größe durch die Entfernung der Kette zum Werkzeughalter und den Abstand der seitlichen Wandungen des Durchlasses voneinander beschränkt. Da der Umfang der Kette mit mehreren Vorrichtungen besetzt ist, die schnell beschickbar sein müssen, ist auch diese Maschine nur bei Massenfertigung wirtschaftlich tragbar. Sie erreicht indessen hohe Mengen-

Abb. 120. Kombinierte Zylinderkopf-Fräs- und Räummaschine (Cincinnati).

leistungen und kann bei der Bearbeitung von weichem Stahl Werkstoffschichten bis zu einem Rauminhalt von 330 ccm/min, bei der Bearbeitung von Grauguß solche bis zu einem Rauminhalt von 500 ccm/min abheben.

50. Sonderaußenräummaschinen. In der Kraftfahrzeugindustrie sind seit langem Außenräummaschinen im Gebrauch, die nur bestimmte Werkstücke, vor allem des Motors, bearbeiten. Die klassische Sonderräummaschine des Motorenbaus ist die *Zylinderblockräummaschine* (Abb. 119), die in waagerechter Bauart sowohl Zylinderblöcken als auch Zylinderköpfen an ihren Anschlußflächen genaue Maße und eine hohe Oberflächengüte gibt. Das dargestellte Baumuster ist eine Gegentaktmaschine, die in beiden Richtungen, das eine Mal den Zylinderblock in der linken oberen Vorrichtung, das andere Mal denjenigen in der rechten unteren Vorrichtung, räumt. Der Vorrichtungstisch, dessen Werkstück gerade nicht unter Schnitt steht, schwenkt selbsttätig zum Beschicken nach vorne. Die Arbeitsfolge jedes Werkstücks geht zunächst über die eine Vorrichtung, in der die Flächen einer Seite geräumt werden, dann über die zwischen den beiden Arbeitsstellen liegende Wendevorrichtung, die das Werkstück um 180°

Abb. 121. Arbeitsstelle der Maschine Abb. 120.

um seine Längsachse dreht und gleichzeitig hebt und schließlich über die zweite Arbeitsstelle, an der die Flächen der anderen Seite geräumt werden. Die neuere Entwicklung hat zu einer Erhöhung der Schlittengeschwindigkeit auf etwa 40 m/min (s. Abschn. 46), bei der mit Hartmetall geräumt werden kann (s. Abb. 45 u. 46, Abschn. 29), geführt. Eine andere Neuerung aus den letzten Jahren sind kombinierte Fräs/Räummaschinen für Zylinderköpfe, in denen die Werkstücke zunächst durch Fräsen mit Hartmetall und negativem Spanwinkel geschruppt und dann, nach Umschalten des Antriebes auf eine höhere Schlittengeschwindigkeit, durch Räumen geschlichtet und feingeschlichtet werden, Abb. 120. Eine der Arbeitsstellen einer solchen Maschine, die wegen der Kürze der Schlichtzahnung wesentlich kürzer als die klassische Bauform sein kann (vgl. Abb. 120 mit Abb. 119), zeigt Abb. 121.

Durch den Bau von *Zylinderblock-Schlichträummaschinen* ist der Arbeitsbereich einer Sonderräummaschine noch weiter eingeengt worden (Abb. 122). Die Maschine schlichtet nur die Dichtungsfläche eines Zylinderblocks und hebt dabei eine Werkstoffschicht von 0,38 mm ab. Das Werkzeug ist ortsfest und mit Hartmetall bestückt. Das Werkstück wird, ohne festgespannt zu werden, in einem Schlitten aufgenommen und mit einer Schnittgeschwindigkeit von 18 m/min unter dem Werkzeug hindurchbewegt. Am Ende des Hubes wird es auf den rechts liegenden Ablagetisch aufgeschoben und kann von hier aus auf das Förderband weitergeschoben werden. Die Rücklaufgeschwindigkeit beträgt 24 m/min, die Hublänge 1800 mm, die Motorleistung 30 KW. In der Minute werden 3 Zylinderblöcke geschlichtet.

Abb. 122. Zylinderblock-Schlichträummaschine (Oilgear).

Nach dem gleichen Arbeitsprinzip arbeitet die in Abb. 123 gezeigte *Pleuellagerschlichträummaschine*. Die Pleuellager werden mit ihren Bohrungen für die Verbindungsschrauben auf zwei Bolzen der zwischen den beiden ortsfesten Werkzeugen mit einer Geschwindigkeit von

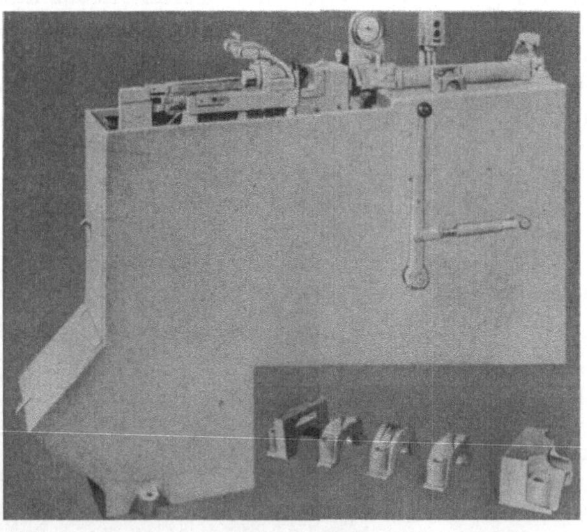

Abb. 123. Pleuellager-Schlichträummaschine (Oilgear).

5,8 m/min hindurchgeschobenen Werkstückaufnahme gesteckt und vor dem Eintritt zwischen die Werkzeuge selbsttätig gespannt. Am Hubende wird selbsttätig entspannt und das Werkstück ausgeworfen. Von den Seiten der Pleuellager werden Schichten von 0,8 mm Dicke abgehoben und eine Abstandstoleranz von 0,0125 mm zwischen den beiden geräumten Flächen eingehalten. Durch Austausch der Aufnahmeplatten in der Vorrichung kann die Maschine in einer halben Minute auf jedes der unten rechts abgebildeten Pleuellager umgestellt werden. Die Mengenleistung beträgt 235 Werkstücke/Std.

Die *Verbindung des Fräsens* für die Schrupp-Arbeitsstufe mit dem *Räumen* für die Schlichtarbeitsstufe zeigt die in Abb. 124 dargestellte Sondermaschine für die Bearbeitung dreier Anschlußflächen von Verteilerstücken. Zunächst wird durch

Abb. 124. Fräs/Räum-Sondermaschine für Verteilerstücke (Cincinnati).

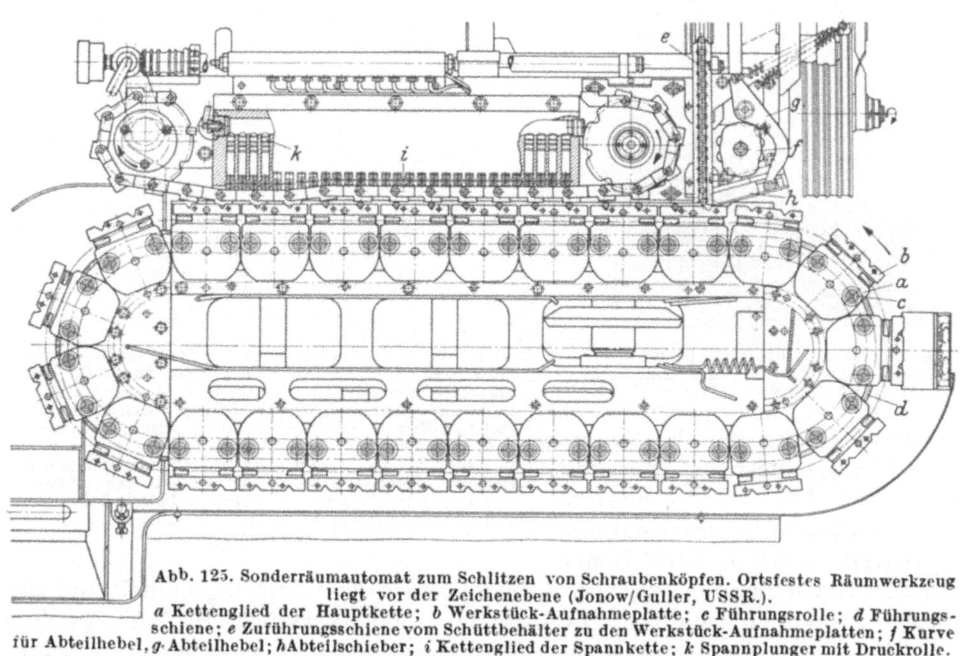

Abb. 125. Sonderräumautomat zum Schlitzen von Schraubenköpfen. Ortsfestes Räumwerkzeug liegt vor der Zeichenebene (Jonow/Guller, USSR.).
a Kettenglied der Hauptkette; *b* Werkstück-Aufnahmeplatte; *c* Führungsrolle; *d* Führungsschiene; *e* Zuführungsschiene vom Schüttbehälter zu den Werkstück-Aufnahmeplatten; *f* Kurve für Abteilhebel, *g* Abteilhebel; *h* Abteilschieber; *i* Kettenglied der Spannkette; *k* Spannplunger mit Druckrolle.

Fräsen mit Hartmetall bei einer Schnittgeschwindigkeit von 76 m/min eine Werkstoffschicht von 8 mm Stärke durch Vorschieben des Fräskopfes zum Schalttisch abgefräst und dann bei der Schaltbewegung von der Fräsarbeitsstelle zur vorne liegenden Beschickungsstelle bei der Vorbeibewegung unter dem ortsfesten Räumwerkzeug noch 0,18 mm Werkstoffschicht abgehoben. Die Bewegungsfolge ist:

Schnellvorschub des Fräskopfes	0,02 min
Fräsvorschub (gleichzeitig Beschickungszeit)	0,17 min
Schnellheben des Lagerkopfes der Frässpindeln	0,01 min
Schalten des Tisches mit	
a) Schlichträumen	
b) Schnellrückzug des Fräskopfes	} 0,10 min
c) Senken des Lagerkopfes der Frässpindeln	
Bearbeitungszeit für ein Werkstück	0,30 min

Für das Räumen kleiner Massenteile ist die Sonderräummaschine zum *Außenräumautomaten* weiterentwickelt worden (Abb. 125). Der dargestellte, nach dem Prinzip der Kettenräummaschine arbeitende Automat schlitzt Schrauben und Holzschrauben, die aus der ungeordneten Masse in einem Schüttbehälter heraus geordnet und selbsttätig zugeführt werden, im Größenbereich von M 3 bis M 10 Durchmesser und 6 bis 120 mm Länge. Die Schrauben, die aus der Zuführungsrinne in die Prismenaufnahmen der Kettenglieder (die Bewegungsebene der Kette ist um 30° geneigt) fallen, werden durch eine zweite Kette, deren Glieder durch eine große Zahl hydraulischer Plunger gegen die erste Kette gedrückt werden, während des Durchgangs unter dem Räumwerkzeug gespannt und am Ende der Bearbeitung wieder freigegeben. Bei einer Schnittgeschwindigkeit von 7,2 m/min werden in der *Minute* 218 Schrauben geschlitzt.

Bei größeren, schwieriger geformten Werkstücken geht der Weg

Abb. 126. Waagerechte Räumpresse mit Sicherheits- Handschaltung zum Einbau in Fließarbeitsstraßen (EITEL)

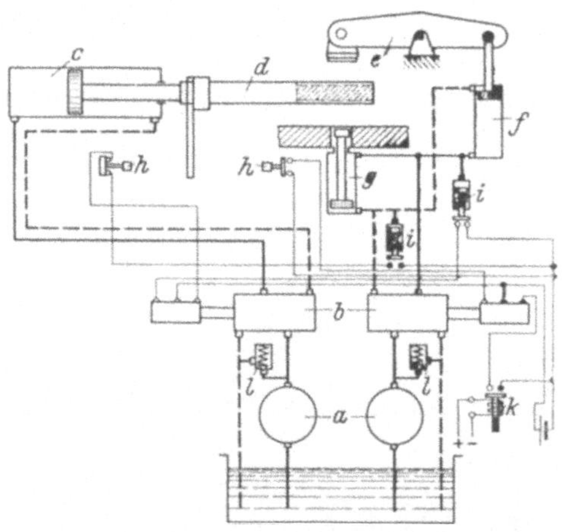

Abb. 127. Getriebeplan einer ölhydraulischen, elektrisch gesteuerten waagerechten Räumpresse für automatische Maschinenstraßen mit selbsttätiger Werkstückverschiebung und -spannung (EITEL) (Ohne Vorrichtung dargestellt.) *a* Pumpen; *b* Steuerschieber; *c* Hauptarbeitszylinder; *d* Räumwerkzeug (angedeutet); *e* Hebel der Spannpratze; *f* Spannkolben; *g* Hilfskolben für zusätzliche Vorrichtungsbewegungen (Ausrichten, Abstützen, Auswerfen usw.); *h* Anschlagschalter; *i* Druckschalter; *k* Schütz zur Aufnahme des Taktimpulses der Maschinenstraße; *l* Sicherheitsventile.

zur Mechanisierung der Fertigung über die Fließarbeitsstraße zur automatischen Maschinenstraße. Es sind bereits selbsttätige Transfermaschinen in Betrieb, in denen z. B. 2 Bohreinheiten, 2 Senkeinheiten, 2 Außenräumeinheiten, eine Kreissägeeinheit und zwei Abgrateinheiten in mechanisiertem Durchlauf 300 Werkstücke/Std. fertigstellen. Ein Vorläufer der für automatische Maschinenstraßen geeigneten Außenräumeinheit ist die *waagerechte Räumpresse für Fließfertigung* (Abb. 126), die noch von einem Räumer bedient werden muß. Den Getriebeplan einer *Außenräumeinheit*, die durch Schaltimpulse der Maschinenstraße gesteuert werden kann, zeigt Abb. 127.

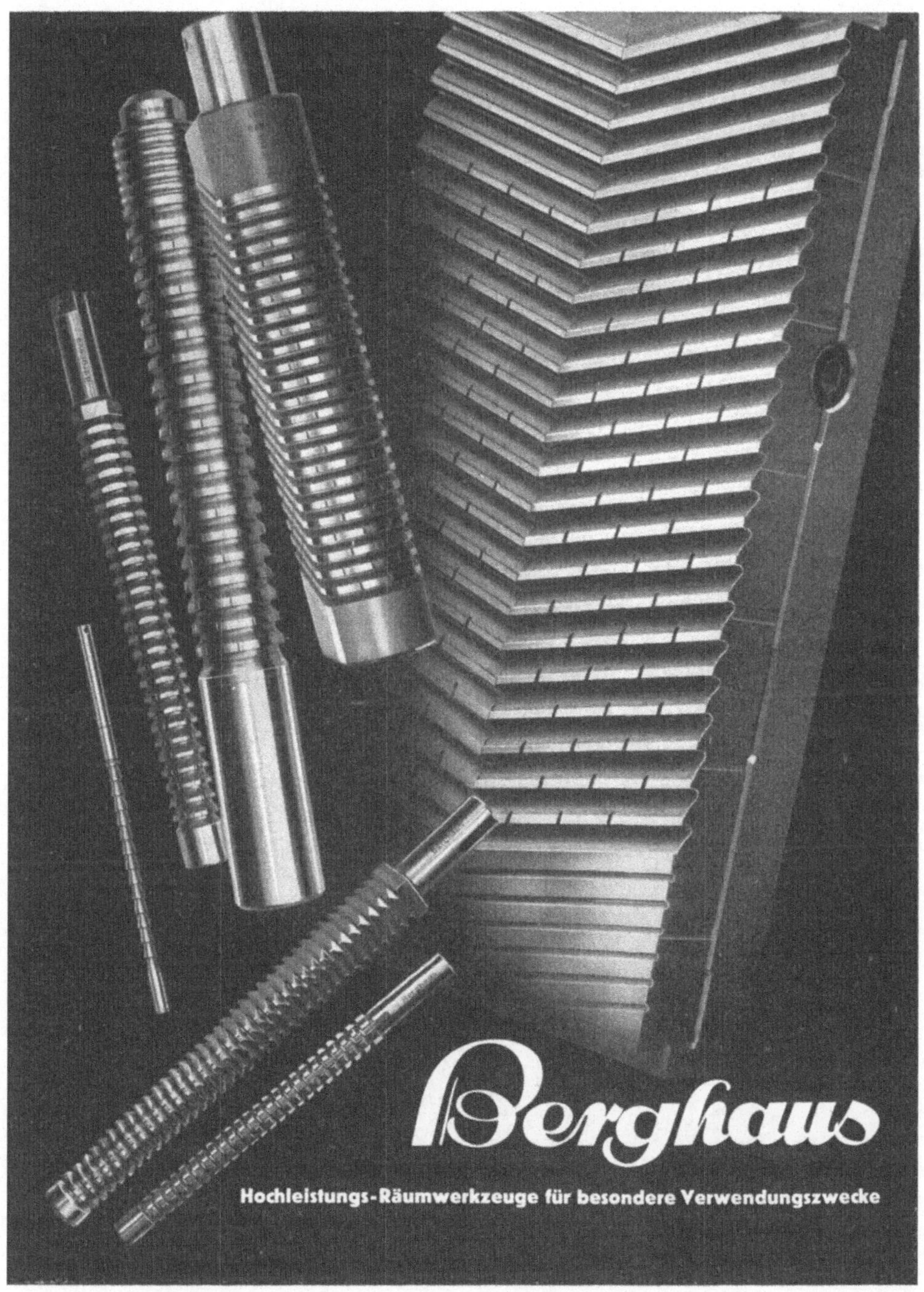

August Berghaus, Remscheid-Hasten

Spezialfabrik für
Präzisions- Hochleistungs- Kaltkreissägeblätter, Raumfräser und Räumnadeln

Unser

Fabrikationsprogramm:

Räummaschinen bis 50 to Zugkraft

für Innen- und Außenbearbeitung

Räumwerkzeuge und Räumvorrichtungen

Hydraulikpumpen

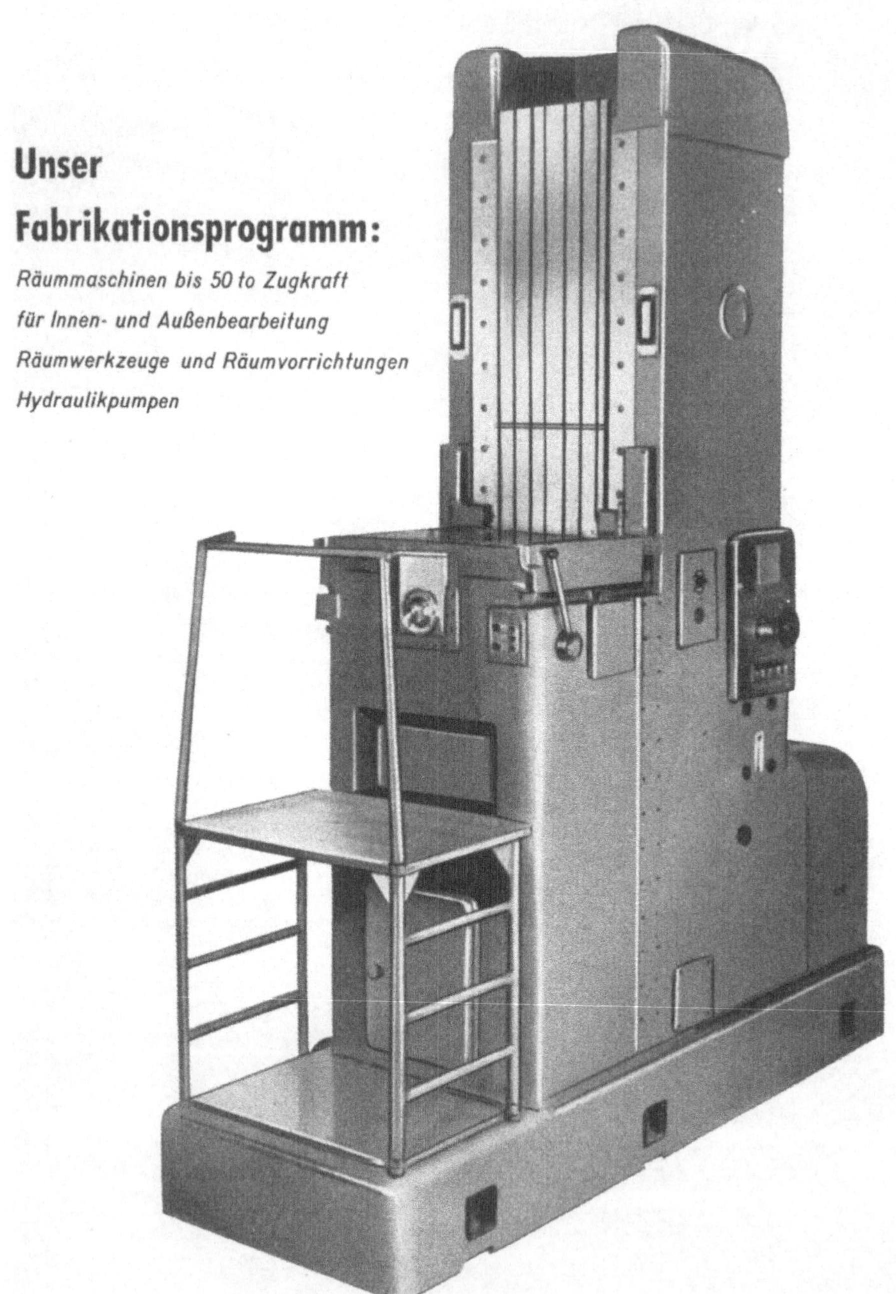

ARTHUR KLINK GMBH · NIEFERN - PFORZHEIM

Die Zerspanbarkeit der metallischen und nichtmetallischen Werkstoffe

Von

Dr.-Ing. habil. Karl Krekeler

Professor an der Technischen Hochschule Aachen

Mit 148 Abbildungen, XII, 358 Seiten. 1951. Ganzleinen DM 34,50

Ein Buch, in welchem nach neuesten Erkenntnissen die gesamte Zerspanung an sich und im beonderen für die verschiedensten Werkstoffe dargestellt ist, gab es seither nicht. Die schwierige Aufgabe, dies alles im Buch von nicht sehr großer Seitenzahl darzustellen, ist von dem Aachener Hochschullehrer hier meisterhaft gelöst. In einer strengen Systematik, die in dem weiten Gebiet ein rasches Auffinden bestimmter Dinge leicht ermöglicht, handeln die 24 fein unterteilten Kapitel hauptsächlich von folgenden Themen: Schneidstoffe / Prüfung der Zerspanbarkeit / Grundsätzliches über alle Arten des Zerspanens/Schnittgeschwindigkeit, -druck, -winkel und -flächen. Die zu zerspanenden Werkstoffe / Zerspanbarkeit von metallischen und nicht-metallischen Stoffen in je getrennten Abschnitten / Einfluß der Kühlmittel.
Das Buch mit einer Unzahl von Erfahrungswerten stellt eine besondere Bereicherung des technischen Schrifttums dar.

„MTZ, Motortechnische Zeitschrift"

SPRINGER-VERLAG / BERLIN · GÖTTINGEN · HEIDELBERG

RÄUMMASCHINEN
RÄUMWERKZEUGE
LOHNRÄUMARBEITEN
KURT HOFFMANN
RÄUMWERKZEUG- UND MASCHINENFABRIK
PFORZHEIM

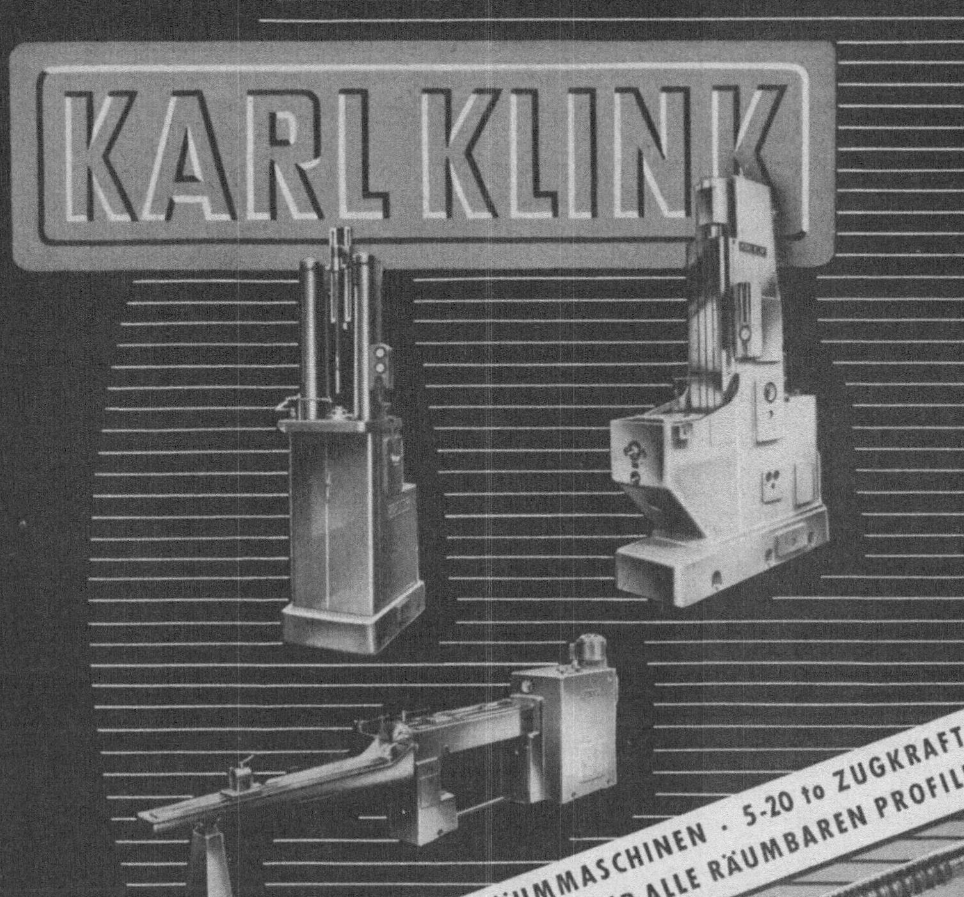

KARL KLINK

HYDRAULISCHE SENKRECHT- UND WAAGRECHT-RÄUMMASCHINEN · 5-20 to ZUGKRAFT ·
FÜR INNEN- UND AUSSENRÄUMEN · RÄUMWERKZEUGE FÜR ALLE RÄUMBAREN PROFILE

KK
N

KARL KLINK NIEFERN/BD.

SPEZIALFABRIK FÜR RÄUMWERKZEUGE UND RÄUMMASCHINEN

SPRINGER-VERLAG / BERLIN · GÖTTINGEN · HEIDELBERG

Innenräumen

Von Dr.-Ing. A. Schatz

Beratender Ingenieur VBI, Wuppertal.

D r i t t e , völlig umgearbeitete und erweiterte Auflage des vorher von L. K n o l l †
bearbeiteten Heftes
(Werkstattbücher. Heft 26.) Mit 112 Abbildungen. 58 Seiten 1951.   DM 3,60

I n h a l t s ü b e r s i c h t : Einleitung. I. D i e A n w e n d u n g d e s I n n e n r ä u m e n s :
Das Innenräumen als Bearbeitungsverfahren. Richtlinien für das Arbeitsstück. — II. D a s
I n n e n r ä u m w e r k z e u g : Aufbau der Räumnadel. Die Verzahnung der Räumnadel.
Schabe- und Glättnadel. Die Herstellung der Räumnadel. Instandhalten von Räumnadeln.
Beispiele von Innenräumwerkzeugen. — III. D i e I n n e n r ä u m v o r r i c h t u n g. —
IV. I n n e n r ä u m m a s c h i n e n : Ausführungsformen. Antrieb und Steuerung. Führung des
Werkzeugs. Beispiele von Innenräummaschinen. — V. Fehler beim I n n e n r ä u m e n. —
VI. B e i s p i e l e v o n I n n e n r ä u m a r b e i t e n. —
... Eingehend werden die Werkstücke besprochen, die sich für das Räumen überhaupt eignen.
Durch Skizzen sind vorkommende Fehler in Konstruktion und Lagerung der zu messenden
Stücke sehr deutlich veranschaulicht. Einen breiten Raum nehmen die Gestaltung des Räum-
werkzeuges sowie dessen Pflege und Aufbewahrung ein. Begrüßenswert ist es, daß auch über die
Wirtschaftlichkeit des Räumwerkzeuges einiges gesagt wird ...

Zeitschrift „des Vereins deutscher Ingenieure"

Unter Verwendung deutscher und vieler ausländischer, vor allen Dingen auch amerika-
nischer Quellen, gibt der bekannte Spezialist auf dem Gebiete des Räumens eine gute und um-
fassende Übersicht über das Innenräumen nach neuestem Stand. Berücksichtigt wird sowohl
die Anwendung des Innenräumens im Maschinenbau bei kleinen Reihen, als auch in der
Massenanfertigung ...

„Werkstattstechnik und Maschinenbau"

Rechnen an spanabhebenden Werkzeugmaschinen. Ein Lehr- und Handbuch für
Betriebsingenieure, Betriebsleiter, Werkmeister und vorwärtsstrebende Facharbeiter der
metallverarbeitenden Industrie von **Franz Riegel**, Maschineningenieur VDI an der Betriebs-
fachschule für Maschinenbau und Elektrotechnik der Berufsoberschule der Stadt Nürnberg.
E r s t e r B a n d : **Hauptzeiten, Getriebeberechnungen, Kegelbearbeitung, Gewinde-
schneiden, Teilkopfarbeiten, Hinterdrehen.** D r i t t e , neubearbeitete und erweiterte Auflage. Mit 279 Abbildungen, 300 Beispielen, 19 Berechnungstafeln, 20 Zahlentafeln und
7 Maschinentafeln. X, 216 Seiten. 1951.   DM 14,40

Werkzeugspanner (Werkzeughalter). Von **Karl Schreyer**, Oberingenieur in Berlin. Mit
864 Bildern und 24 Zahlentafeln im Text. VII, 331 Seiten. 1951.   Ganzleinen DM 39,—

Werkstückspanner (Vorrichtungen). Von **Karl Schreyer**, Oberingenieur in Berlin. Mit
1100 Bildern und 22 Tafeln im Text. VIII, 382 Seiten. 1949.   Ganzleinen DM 36,—

Die Zerspanbarkeit der Werkstoffe. Von **K. Krekeler**. (Werkstattbücher Heft 61.)
D r i t t e , verbesserte Auflage. Mit 70 Abbildungen und zahlreichen Tabellen im Text.
64 Seiten. 1949.   DM 3,60
